ISW 14

Berichte aus dem Institut für Steuerungstechnik
der Werkzeugmaschinen und Fertigungseinrichtungen
der Universität Stuttgart

Herausgegeben von Prof. Dr.-Ing. G. Stute

H. Damsohn

Fünfachsiges NC-Fräsen

Beitrag zur Technologie, Teileprogrammierung und

Postprozessorverarbeitung

Springer-Verlag Berlin Heidelberg GmbH 1976

Mit 70 Abbildungen

ISBN 978-3-540-07670-4   ISBN 978-3-662-07333-9 (eBook)
DOI 10.1007/978-3-662-07333-9

Vorwort des Herausgebers

Das Institut für Steuerungstechnik der Werkzeugmaschinen und Fertigungseinrichtungen der Universität Stuttgart befaßt sich mit den neuen Entwicklungen der
Werkzeugmaschine und anderen Fertigungseinrichtungen, die insbesondere durch
den erhöhten Anteil der Steuerungstechnik an den Gesamtanlagen gekennzeichnet
sind. Dabei stehen die numerisch gesteuerte Werkzeugmaschine in Programmierung, Steuerung, Konstruktion und Arbeitseinsatz sowie die vermehrte Verwen-
dung des Digitalrechners in Konstruktion und Fertigung im Vordergrund des In-
teresses.

Im Rahmen dieser Buchreihe sollen in zwangloser Folge drei bis fünf Berichte pro
Jahr erscheinen, in welchen über einzelne Forschungsarbeiten berichtet wird. Vor-
zugsweise kommen hierbei Forschungsergebnisse, Dissertationen, Vorlesungsmanu-
skripte und Seminarausarbeitungen zur Veröffentlichung.

Diese Berichte sollen dem in der Praxis stehenden Ingenieur zur Weiterbildung
dienen und helfen, Aufgaben auf diesem Gebiet der Steuerungstechnik zu lösen.
Der Studierende kann mit diesen Berichten sein Wissen vertiefen.

Unter dem Gesichtspunkt einer schnellen und kostengünstigen Drucklegung wird
auf besondere Ausstattung verzichtet und die Buchreihe im Fotodruck hergestellt.

Der Herausgeber dankt dem Springer-Verlag für Hinweise zur äußeren Gestaltung
und Übernahme des Buchvertriebs.

Stuttgart, im Februar 1972

Gottfried Stute

0   <u>Inhaltsverzeichnis</u>   Seite

0.1 Formelzeichen, Einheiten und Indizes

Koordinatenachsen und Achsbezeichnungen an Werkzeugmaschinen
werden nach $\lfloor$ 58 $\rfloor$ mit X, Y, Z, A, B, C usf. für Werkzeugbewe-
gungen relativ zum Werkstück bezeichnet, in entgegengesetzter
Richtung mit X´, Y´, Z´, A´, B´, C´ usf. für Werkstückbewe-
gungen relativ zum Werkzeug. Hier werden sie ergänzt durch Be-
zeichnungen wie X_1, Y_1, Z_1, X_W, Y_W, Z_W usf..

Vektoren werden mit Pfeil gekennzeichnet, wobei $\vec{i}$, $\vec{j}$ und $\vec{k}$ die
Einheitsvektoren darstellen, die parallel zu X, Y und Z sind,
so daß z. B. für die Fräserachsrichtung $\vec{a}$ gilt:

$$\vec{a} = a_x\,\vec{i} + a_y\,\vec{j} + a_z\,\vec{k}$$

Adreßbuchstaben im NC-Programm sind nach $\lfloor$ 19 $\rfloor$ Großbuchstaben:
N, G, X, Y, Z, A, B, C, I, J, K, F, S, T, M usf.. Sie werden
wegen Verwechslungsmöglichkeiten weitgehend vermieden. Der an
der Versuchsfräsmaschine notwendige EIA8B-Code benutzt die entsprechenden Kleinbuchstaben in gleicher Bedeutung. Letztere Definition wird hier nicht verwandt.

Koordinatenwerte werden wie Längen und Winkel mit Kleinbuchstaben entsprechend den Achsbezeichnungen und Adreßbuchstaben benannt: x, y, z, a_o, b_o, c_o, x_1, y_1, z_1 usf..

In APT werden die Koordinatenwerte der Fräserposition mit X,
Y, Z, I, J, K benannt, wobei I, J und K die Richtungskosinus,
d. h. die Komponenten des Einheitsvektors darstellen. Im folgenden wird auf diese Bezeichnung verzichtet und kein Einheits-
vektor vorausgesetzt, um Verwechslungen zu vermeiden.

Indizes I, II, III, ... und $\left.\begin{array}{l} \\ \\ \end{array}\right\}$ für die Gegenüberstellung
        A, B, C, ... von Fallbeispielen
Index W für Werkstückkoordinatensystem
Index M für Maschinenkoordinatensystem
Indizes 1, 2, 3, ... als laufende Nummern

α	°	Winkel zwischen der Z-Achse und dem Werkzeugachsvektor,an der Versuchsfräsmaschine identisch mit dem Schwenkkopfwinkel
$\dot{\alpha}$	s^{-1}	Winkelgeschwindigkeit von α
$\vec{a}$		Achsvektor des Fräsers von der Fräserspitze in Richtung Antrieb
$\vec{a}_1 \cdots \vec{a}_6$		Achsvektor des Fräsers in verschiedenen Koordinatensystemen
A	mm^2	gefräste Fläche
A_F	dm^2/min	gefräste Fläche pro Minute
A_P	dm^2	Fläche der Propellerblätter
a_x	mm	
a_y	mm	Komponenten des Achsvektors $\vec{a}$
a_z	mm	
b	mm	Fräsbahnbreite, gemessen am fertig gefrästen Teil
c_1	h/dm^2	Konstante, von der Fräsrillenanzahl unabhängiger Zeitanteil
c_2	$h/mm\,dm^2$	Konstante für Berechnung der manuellen Bearbeitungszeit
c_3	mm	Fräsrillenkonstante
c_I		Wartungs- und Instandhaltungskostenfaktor
c_Z		Zinssatz
d_a	mm	Fräseraußendurchmesser
d_i	mm	Fräserinnendurchmesser an der Kernaussparung
d_P	dm	Durchmesser des Propellers
ε	°	Winkel zwischen Soll- und Ist-Richtung der Fräserachse
η		Nutzungsgrad einer Maschine
e_B	mm	Entfernung des Berührpunktes
γ	°	Verdrehwinkel in der XY-Ebene von $\vec{a}$; an der Versuchsfräsmaschine identisch mit Drehtischwinkel

γ	s^{-1}	Winkelgeschwindigkeit von γ
h_S	mm	Sehnenhöhe
h_P	mm	Dicke des Aufmaßes am Propellerrohling
Δk	mm^{-1}	Krümmungsdifferenz von Fräsrille und Werkstückfläche
K_A	DM/h	Abschreibungskosten pro Stunde
K_E	DM/h	Energiekosten pro Stunde
$K_{f\ ges}$	DM/dm^2	bezogene fräsrillenabhängige Kosten
K_{ges}	DM	Bearbeitungskosten pro Werkstück
K_I	DM/h	Instandhaltungs- und Wartungskosten pro Stunde
K_{man}	DM/h	Platzkosten für manuelle Bearbeitung pro Stunde
K_{masch}	DM/h	Platzkosten für maschinelle Bearbeitung pro Stunde
K_P	DM/h	Personalkosten pro Stunde
K_R	DM/h	Raumkosten pro Stunde
K_W	DM	Wiederbeschaffungswert
K_Z	DM/h	Zinskosten pro Stunde
K_1	DM	fräsrillenunabhängige Kosten
K_2	DM	Konstante für fräsrillenabhängige K_{masch}
K_3	DM	Konstante für fräsrillenabhängige K_{man}
l_b	mm	Länge eines Kreisbogens
l_F	mm	Länge der Fräsbahn auf dem Werkstück
l_Z	mm	Abstand für Fräsrillenberechnung
m		Maßstabsfaktor
m_d		Maßstab für Dichte von Modell zu Original
m_E		Maßstab für Elastizitätsmodul
m_K		Maßstab für Kräfte
m_L		Maßstab für Längen
m_t		Maßstab für Zeit

m_v		Maßstab für Geschwindigkeiten
n_F		Anzahl der Fräsbahnen
n_P		Anzahl der Punkte zwischen zwei von APT vorgegebenen Punkten
ω	$^{\circ}$	Winkel in der Ebene senkrecht zum Werkzeugachsvektor
$\dot{\omega}$	s^{-1}	Winkelgeschwindigkeit von ω
$\bar{P}$		Spaltenvektor der Fräserposition
$P_1 \cdots P_{12}$		Vektor zur Fräserspitze
P_d		Punktdichte für Interpolation zwischen zwei APT-Fräserpositionen
ρ	mm	Krümmungsradius des Werkstückes
ρ_{Fi}	mm	Krümmungsradius, erzeugt vom Fräserinnendurchmesser
ρ_L	mm	Krümmungsradius längs zur Fräsrille
ρ_Q	mm	Krümmungsradius quer zur Fräsrille
r	mm	vom Fräser erzeugter Radius am Werkstück
$\bar{\bar{R}}$		Rotationsmatrix für Koordinatentransformation
R	mm	Radius eines Kreises
r_a	mm	Fräseraußenradius
r_i	mm	Fräserinnenradius
r_t	mm	Rillentiefe zwischen höchstem und tiefstem Punkt der Fräsrille
r_{WZ}	mm	Schwenkkopfradius der Versuchsfräsmaschine
s	mm	Cutvector-Länge
$\bar{T}$		Translationsvektor für Koordinatentransformation
t	s	Verfahrzeit zwischen zwei Fräserpositionen
t_F	min	Zeit des Fräsereingriffs
T_{man}	h/dm^2	manuelle Bearbeitungszeit, bezogen auf die bearbeitete Fläche
t_{man}	h	manuelle Bearbeitungszeit

t_{masch}	h	maschinelle Bearbeitungszeit in Stunden
t_{mon}	h	monatliche Arbeitszeit in Stunden
t_N	a	Nutzungsdauer in Jahren
t_{NJ}	h	jährliche Nutzungsdauer in Stunden
$t_1 \ldots t_5$	s	Verfahrzeit bei Begrenzung durch verschiedene Parameter
$t_I \ldots t_{IV}$	s	Zeitpunkt, ausgewählt aufgrund verschiedener Interpolationsbedingungen
t_v	s	Verarbeitungszeit der numerischen Steuerung für eine Sollwertvorgabe
u_d	mm/min	durchschnittliche Vorschubgeschwindigkeit
u_{prog}	mm/min	programmierte Vorschubgeschwindigkeit
u_z	mm	Vorschub des Fräsers pro Zahn
$\vec{V}$		Vektor der Fräserachsrichtung, dargestellt in Vektorkomponenten
$\vec{V}_A$		Anfangsposition von $\vec{V}$
$\vec{V}_E$		Endposition von $\vec{V}$
$\vec{W}$		Vektor der Fräserachsrichtung, Komponenten dargestellt in Kugelkoordinaten
$\vec{W}_A$		Anfangsposition von $\vec{W}$
$\vec{W}_E$		Endposition von $\vec{W}$
x	mm	Koordinatenwert von X
X		translatorische Koordinatenachse
y	mm	Koordinatenwert von Y
Y		translatorische Koordinatenachse
z	mm	Koordinatenwert von Z
Z		translatorische Koordinatenachse
ς	$^\circ$	Zentriwinkel

0.2 Abkürzungen, Kurzdefinitionen und Programmiersprachenworte

2D	2dimensional; hier mit 2 translatorischen bahngesteuerten Bewegungen in einer Ebene
3D	3dimensional; hier mit 3 translatorischen bahngesteuerten Bewegungen im Raum
APT	automatically programmed tools, problemorientierte Programmiersprache für numerisch gesteuerte Werkzeugmaschinen
APTLFT	APT loft; Erweiterung des APT-Systems für die mit FMILL aufbereiteten Daten (gestrakte Flächen)
ARELEM	arithmetic element; Programmabschnitt im APT-Prozessor, der die Zuordnung des Fräsers zu DS, PS und CS berechnet
ATANGL	absolute angle; PP-Wort
CLDATA	cutter location data (DIN 66215) a) im engeren Sinne: Fräserpositionsdaten, d. h. Koordinaten der Fräserspitze und Richtungskosinus der Fräserachse b) im weiteren Sinne: Ausgabedatei eines NC-Prozessors. Eingabedatei für Postprozessoren (PP)
CLDIST	clearance distance; PP-Wort für Sicherheitsabstände bei Werkzeugwechsel und ähnlichem
CNC	computerized numerical control; numerische Steuerung mit programmierbarem Prozeßrechner
CS	check surface; eine die Fräsbahn begrenzende Kontrollfläche

Cutvector   Vektor von einer Position der Fräserspitze zur
nächsten Position bei der NC-Programmierung

DS   drive surface; der Fräser fährt entlang dieser Leit-
fläche bis zur CS unter Einhaltung der PS

DVA   elektronische Datenverarbeitungsanlage

EXAPT 3   extension of APT; NC-Programmiersprache, die auch
eine automatische Verarbeitung der Technologie er-
möglicht, jedoch auf zweiachsige Bearbeitung und zusätzliche Zustellbewegung für Fräs- und Bohrbearbei-
tung sich beschränkt

FMILL   Programmbaustein für spezielle Darstellung analytisch nicht einfach beschreibbarer Flächen

Fräser-
spitze   Spurpunkt der Fräserachse auf der konvexen Hüllfläche des rotierenden Fräsers

Fräserachs-
richtung   Vektor in der Rotationsachse des Fräsers, von der
Fräserspitze zum Antrieb hin gerichtet

GOFWD   go forward; APT-Fahranweisung für Fräser

gouging   Kollision des Fräsers mit dem Werkstück an einer anderen als der berechneten Kontaktstelle

INTOL   APT-Programmieranweisung, "Minustoleranz", ein Maß,
wie weit der Fräser die programmierten Flächen ver-
letzen darf

ISW   Institut für Steuerungstechnik der Werkzeugmaschinen
und Fertigungseinrichtungen, Universität Stuttgart

leadtime   Zeitraum vom Beginn der Entwicklung bis zum Beginn
der Serie

MACRO   Prozedur (Unterprogramm); hier einer Programmiersprache der APT-Familie für sich ähnlich wiederholende Arbeitsabschnitte

MULTAX   <u>mul</u>ti <u>ax</u>es; mehrachsig; hier fünfachsig

NC   <u>n</u>umerical <u>c</u>ontrol; numerische Steuerung

NC-Programm   Inhalt des Steuerlochstreifens bzw. für die numerische Steuerung aufbereitete Daten

NORMPS   <u>nor</u>mal <u>p</u>art <u>s</u>urface; Fräserachse senkrecht zur Werkstückoberfläche bzw. zur Vorschubrichtung

override   Potentiometer an der Steuerung, an dem der programmierte Vorschubwert während der Fertigung geändert werden kann

overshoot   Überschwingen des Fräsers bei starken Richtungsänderungen der Fräsbahn, vgl. undercut

OUTTOL   APT-Anweisung; Plus-Toleranz; ein Maß, wie weit der Fräser von den programmierten Flächen abrücken darf

PP   <u>p</u>ost<u>p</u>rocessor; Nachverarbeitungsprogramm, das die Ausgabedaten eines NC-Prozessors an die speziellen Randbedingungen einer numerischen Steuerung und Maschine anpaßt

PP-Wort   eine APT-Anweisung, die der APT-Prozessor nur verarbeitet und erst der Postprozessor (PP) interpretiert

pivot   Drehpol, hier einer rotatorischen Maschinenachse
point

PS   <u>p</u>art <u>s</u>urface; Begrenzungsfläche der Fräsbahn für die Stirnseite des Fräsers

REFSYS   reference system; Koordinatensystem, auf das die folgenden Angaben bezogen sind

ROTABL   rotary table; Drehtisch; PP-Wort

ROTHED   rotary head; Schwenkkopf; PP-Wort

ROTREF   rotate reference system; drehe das Koordinatensystem

SCALE   scale factor; Maßstabsfaktor

straken   Ausgleichskurve mit Biegelineal zeichnen (Minimum der Biegeenergie)

Teil   part; Werkstück

Teile-programm   part program; Quellenprogramm für eine NC-Bearbeitung, abgefaßt in einer problemorientierten NC-Programmiersprache, z. B. APT, EXAPT u. a.

TLAXIS   tool axis direction; Werkzeugachsrichtung; hier Fräserachsrichtung

TLRGT   tool right; APT-Fahranweisung, Fräser bewegt sich in Fahrtrichtung rechts entlang der DS

TRANS   translation; translatorische Verschiebung; PP-Wort

TRANSL   translatory components; translatorische Schiebungskomponenten

undercut   Verschleifen von Ecken aufgrund der dynamischen Maschinenfehler, vgl. overshoot

Voreil-winkel   Neigung der Fräserachse in Richtung der Vorschubbewegung, gemessen von der Normalen der Vorschubrichtung; nach [1]

XYROT   <u>ro</u>tate <u>xy</u>-coordinates; Drehung der XY-Koordinaten

YZROT   <u>ro</u>tate <u>yz</u>-coordinates; Drehung der YZ-Koordinaten

Weitere fachübliche Abkürzungen und Definitionen befinden sich in $\lfloor$ 14, 15, 16, 17, 18, 19, 20 $\rfloor$ und dem an Ort und Stelle zitierten Schrifttum.

0.3 <u>Veröffentlichtes Schrifttum</u>

_ 1 _   APT reference manual, 6000 Version 2,
                Control Data Corporation, Publ. No
                60174500 (1971), Sunnyvale, California.

_ 2 _ Bauer, E.   Beitrag zur Systematik und Auslegung
                rechnergeführter Steuerungssysteme (DNC).
                Universität Stuttgart, Dr.-Ing.-Diss.,
                1975.

_ 3 _ Beckhaus, H.   Optimale Kontaktbedingungen in Sonderfäl-
                len der Stirnfräsbearbeitung. Ind.-Anz.
                91 (1969) Nr. 106, S. 2591 ... 2594.

_ 4 _ Bell, C.,   The programming and use of numerical con-
      Landi, B.,   trol to machine sculptured surfaces. Bri-
      Sabin, M.   tish Aircraft Corporation Limited, Com-
                mercial Aircraft Division, Weybridge,
                Surrey. Paper 425.

_ 5 _ Boyd, K. B.   Five-Axis Machining. Machine Design, May,
                16, 1974.

_ 6 _ Bumiller, S.,   Gesichtspunkte zur Auslegung der NC-5-
      Esch, H.,   Achsen-Fräsmaschine am Institut für Steu-
      Petera, Th.   erungstechnik der Werkzeugmaschinen und
                Fertigungseinrichtungen der Universität
                Stuttgart. VDI-Berichte Nr. 166 (1971),
                S. 115 ... 119.

_ 7 _ Caton, R. W.   Soll man den betriebseigenen Postproces-
                sor selbst schreiben? TZ f. prakt. Me-
                tallbearb. (Numerik) 2 (1969) Nr. 7,
                S. 393 ... 395.

_ 8 _   CONAPT. Sundstrand Machine Tool, Belvi-
                dere Illinois 61008, Form No 403 (1974).

[9] Damsohn, H.   Verarbeitung technischer Information,
                         eine Übersicht zum aktuellen Stand der
                         Technik und zur Lage im Markt. Steuerungs-
                         technik 5 (1972) Nr. 7/8, S. 201 ... 202.

[10] Damsohn, H.   Fünfachsiges Fräsen - Erfahrungen aus
                         Programmierung und Fertigung. Essen: Gi-
                         rardet-Verlag: HGF-Kurzberichte (Lose-
                         Blatt-Sammlung) Blatt 75/2 (1975).

[11] Damsohn, H.   Notwendige Punktdichte bei fünfachsiger
       Eisinger, J.   Fräsbearbeitung. Essen: Girardet-Verlag:
                         HGF-Kurzberichte (Lose-Blatt-Sammlung)
                         Blatt 71/24 (1971).

[12] Davisson,   Guidelines for NCtooling. Machy. Prod.
       J. B.   Eng. 115 (1969) No 2974, S. 762 ... 768.
                         Dt. Kurzfass. in Werkstatt und Betrieb
                         103 (1970) Nr. 5, S. 375.

[13] Derenbach, T.   CNC-Steuerung. Ind.-Anz. 94 (1972) Nr. 5,
                         S. 83 ... 86.

[14] DIN 4760   Begriffe für die Gestalt von Oberflächen
                         (Juli 1960).

[15] DIN 4761   Begriffe, Benennungen und Kurzzeichen für
                         den Oberflächencharakter (Aug. 1960).

[16] DIN 6580   Begriffe der Zerspantechnik (April 1963).

[17] DIN 8580 ff   Begriffe der Fertigungsverfahren.

[18] DIN 44 300   Informationsverarbeitung, Begriffe (Entw.
                         Febr. 1971).

[19] DIN 66 025   Programmaufbau für numerisch gesteuerte
                         Arbeitsmaschinen (Entw. Sept. 1968).

[20] DIN 66 215   CLDATA (Entwurf Aug. 1973).

[21] Eisinger, J.   Fräserbahnabweichung aufgrund der Kine-
                       matik und Interpolation an numerisch ge-
                       steuerten Mehr-Achsen-Fräsmaschinen.
                       Univ. Stuttgart, Dr.-Ing.-Diss., 1972.

[22] Eitel, H.   MEANDR-Bahnzerlegung in EXAPT 3. Essen:
                       Girardet-Verlag: HGF-Kurzberichte (Lose-
                       Blatt-Sammlung) Blatt 70/62 (1970).

[23] Esch, H.   Der geometrische Aufbau von 5-Achsen-Ma-
                       schinen. Essen: Girardet-Verlag: HGF-
                       Kurzberichte (Lose-Blatt-Sammlung) Blatt
                       72/42 (1972).

[24]   FORTRAN reference manual. 6000 Version
                       2.3, Control Data Corporation, Sunnyvale,
                       California. Publ. No 60 1749 00 (1972).

[25] Gardner, M. J.   Machining wind tunnel models at the Com-
                       mercial Aircraft Division of British Air-
                       craft Corporation. Machinery and Prod.
                       Eng., London (March, 15, 1972) S. 366 ...
                       369.

[26] Henning, H.   Interpolations- und Approximationsmetho-
                       den zur numerischen Darstellung gekrümm-
                       ter Flächen aus Meßpunkten. Essen: Girar-
                       det-Verlag: HGF-Kurzberichte (Lose-Blatt-
                       Sammlung) Blatt 74/44 (1974).

[27] Henning, H.   Die Makrogeometrie gefräster Oberflächen.
                       Essen: Girardet-Verlag: HGF-Kurzberichte
                       (Lose-Blatt-Sammlung) Blatt 73/46 (1973).

[28] Hilbert, H. L.   Das Kopierfräsen im Großwerkzeugbau. Werk-
                       statt und Betrieb 99 (1966) Nr. 6,
                       S. 391 ... 397.

_ 29 _ Herzog, H.,   Methoden und Probleme bei der Erstellung
        Glasauer, H.   von Postprocessoren. TZ f. prakt. Metall-
                          bearb. (Numerik) 62 (1968) Nr. 9,
                          S. 486 ... 491.

_ 30 _ Herold, H.,   Die numerische Steuerung in der Ferti-
        Maßberg, W.,   gungstechnik. VDI-Verlag, Düsseldorf
        Stute, G.   (1971).

_ 31 _ Hucks, H.   Evolutionen an Großwerkzeugmaschinen.
        Krauß, W.   Werkstatt und Betrieb 100 (1967) Nr. 3,
                          S. 173.

_ 32 _   Hütte I, Theoretische Grundlagen. Verlag
                          Wilhelm Ernst u. Sohn, Berlin, 28. Aufl.
                          (1955), S. 128 ff.

_ 33 _ Karl, B.   ZIGZAG-Bahnzerlegung in EXAPT 3. Essen:
                          Girardet-Verlag: HGF-Kurzberichte (Lose-
                          Blatt-Sammlung) Blatt 71/60 (1971).

_ 34 _ Karl, B.   2 1/2-dimensionales Fräsen unter Verwen-
                          dung der Achsumschaltung. Essen: Girardet-
                          Verlag: HGF-Kurzberichte (Lose-Blatt-Samm-
                          lung) Blatt 71/84 (1971).

_ 35 _ Kobayashi, K.,   NCmachining of propellers. In Numerical
        Nozawa, R.,   Control Programming Languages, North Hol-
        Hanaoka, N.   land Publishing Company, Amsterdam, Lon-
                          don (1970), S. 376 ... 387.

_ 36 _ Mitthof, F.   Das NC-Bearbeitungszentrum, eine neue Pro-
                          blemlösung der Fertigung. Steuerungstech-
                          nik 1 (1968) Nr. 1, S. 21.

_ 37 _ NAS 913   Milling Machine - numerically controlled
                          profiling and contouring. National Stan-
                          dards Association, Washington, D. C.
                          (1968).

/ 38 / NAS 979   Uniform cutting tests - NAS series metal
                       cutting equipment specifications. Natio-
                       nal Standards Association, Washington,
                       D. C. (1969).

/ 39 /   Numerical Control Language Evaluation.
                       Numerical Control Society, Inc., Spring
                       Lake, New Jersey 07762 (1974).

/ 40 / Paul, H. U.   Probleme beim Auslegen von Postprocesso-
                       ren und Programmieren von Werkstücken für
                       NC-Maschinen mit rotatorischen Achsen.
                       TZ f. prakt. Metallbearb. (Numerik) 65
                       (1971) Nr. 9, S. 457 ... 460.

/ 41 / Rininsland, H. Gießen von Schiffsschrauben aus Kupfer-
                       legierungen mit Gießgewichten bis 74 t.
                       GIESSEREI 54 (1967) Nr. 20, S. 513 ...
                       518.

/ 42 / Schmalz, K.   Stellung der Nebenschneide beim Breit-
                       schlichtfräsen. Werkstatt und Betrieb
                       (1969) Nr. 11, S. 841 ... 844.

/ 43 / Schmid, D.   Interpolation bei numerischen Bahnsteue-
                       rungen. Steuerungstechnik 2 (1969) Nr. 9,
                       S. 342 ... 349.

/ 44 / Schmid, D.   Beitrag zur Auslegung numerischer Bahn-
                       steuerungen. Universität Stuttgart, Dr.-
                       Ing.-Diss., 1971.

/ 45 / Schulz, H.   Schwerwerkzeugmaschine mit numerischer
                       Bahnsteuerung für fünf Achsen. Werkstatt
                       und Betrieb 99 (1966) Nr. 7, S. 505.

/ 46 / Schulz, R.   Das Fräsen von Kugelflächen. Werkstatt
                       und Betrieb 100 (1967) Nr. 8, S. 635.

/ 47 / Schwegler, H.   Beitrag zur Beschreibung und Programmie-
                    rung von gekrümmten Flächen und deren
                    Fertigung auf numerisch gesteuerten Fräs-
                    maschinen. Universität Stuttgart, Dr.-
                    Ing.-Diss., 1971.

/ 48 / Storr, A.,   Möglichkeiten des fünfachsigen Fräsens.
       Damsohn, H.   Ind.-Anz. 96 (1974) Nr. 15, S. 353 ...
       Henning, H.   356.

/ 49 / Stute, G.   Special Problems in Postprocessing of
       Damsohn, H.   Multi Axes Milling Machines. In Computer
                    Languages for Numerical Control. North
                    Holland Publishing Company, Amsterdam
                    (1973), S. 737 ...749.

/ 50 / Stute, G.,   Problems and Possibilities of Five Axes
       Damsohn, H.   Milling. Annals of the CIRP, Vol. 23/1/
                    1974, S. 129 ... 130.

/ 51 / Stute, G.,   DNC - CNC - PC. Der Einsatz von Prozeß-
       Victor, H.   rechnern bei der Steuerung von Werkzeug-
                    maschinen. wt - Z. ind. Fertig. 63 (1973)
                    Nr. 6, S. 323 ... 326.

/ 52 / Stute, G.,   Untersuchungen an mehrachsig gesteuerten
       u. a.   Maschinen. Berichte zum VDW-Vorhaben 1002
                    (1974).

/ 53 / Szabo, I.   Einführung in die technische Mechanik.
                    Springer-Verlag, Berlin/... 3. Aufl.
                    (1958), S.385 ff.

/ 54 / Szabo, I.   Höhere Technische Mechanik. Springer-Ver-
                    lag, Berlin/... (1964), S. 99 ... 102.

/ 55 / Tuffentsam-   Begriffe der Fertigungsverfahren. wt - Z.
       mer, K.   ind. Fertig. 61 (1971) Nr. 12, S. 691 ...
                    697

$\lceil$ 56 $\rceil$ VDI 2802   Wertanalyse, Vergleichsrechnung (Jan. 1971).

$\lceil$ 57 $\rceil$ VDI 3254   Numerisch gesteuerte Werkzeugmaschinen, Genauigkeitsangaben, Begriffe und statische Kenngrößen (März 1971).

$\lceil$ 58 $\rceil$ VDI 3255   Festlegung der Koordinatenachsen und Zuordnung der Bewegungsrichtungen. (Dez. 1968).

$\lceil$ 59 $\rceil$ VDI 3258   Kostenrechnung mit Maschinenstundensätzen, Begriffe, Beziehungen, Zusammenhänge. (Okt. 1962).

$\lceil$ 60 $\rceil$ VDI 3424   Numerisch gesteuerte Arbeitsmaschinen. Direktsteuerung mit Hilfe von Digitalrechnern (1972).

0.4   Unveröffentlichtes Schrifttum

$\lceil$ 61 $\rceil$ APT III CLTAPE and PROTAPE format specifications. ITT Research Institute (1962).

$\lceil$ 62 $\rceil$ Damsohn, H. u. a.   Untersuchungen über Programmierung fünfachsig numerisch gesteuerter Fräsmaschinen. Abschlußbericht zum DFG-Vorhaben Stu 51/7 (1972).

$\lceil$ 63 $\rceil$ Damsohn, H.   Fünfachsiges Fräsen eines Profilbogens. Ergebnisse eines Versuchs. Unveröffentlichtes Manuskript am Inst. f. Steuerungstechnik, Univ. Stuttgart (1974).

$\lceil$ 64 $\rceil$ Damsohn, H.   Vergleich dreiachsiger und mehrachsiger Fräsbearbeitung gekrümmter Werkstückflächen unter dem Gesichtspunkt der maschi-

nellen Programmierung. Zwischen- und Abschlußbericht zum DFG-Vorhaben Stu 51/13
(1974 und 1975).

[65]   Five-Axis-Linearization Study. ITT Re-
                         search Institut, Chicago/Illinois (1964).

[66] Henning, H.   Programmierung und fünfachsige Fertigung
                         gekrümmter Flächen. Unveröff. Manuskript
                         am Inst. f. Steuerungstechnik, Universi-
                         tät Stuttgart (1975).

[67]   GECENT Postprocessor. Computer Programmer
                         Manual and Part Programmer Manual, Gene-
                         ral Electric Company, Evendale, Ohio,
                         1970.

[68] Osofisan,   Entwicklung einer CNC-Software für fünf-
       P. B.   achsiges Fräsen. Unveröffentlichtes Manu-
                         skript am Inst. f. Steuerungstechnik,
                         Univ. Stuttgart (1974).

[69]   STARR-Kopierfräsmaschinen ST-110 spezial
                         für Titanium-Impeller. Ausschnitt aus
                         "Starräägler" Nr. 3/4 (1973), Hauszeit-
                         schrift der Starrfraesmaschinen AG.

[70] Storr, A.   Automatisierung des betrieblichen Infor-
                         mationsflusses. Vorlesungsmanuskript am
                         Inst. f. Steuerungstechnik, Universität
                         Stuttgart (1974/75).

[71]   The UNCL Postprocessor Integer Code Regi-
                         ster. Unified Numerical Control Languages
                         Commitee. National Engineering Laborato-
                         ry (NEL), East Kilbride, Glasgow (1972).

[72] Tränkle, H.   Realisierte Fünfachsen-Maschinen. Manu-

- 25 -

        skript am Inst. für Steuerungstechnik,
Universität Stuttgart, zur Veröffentlichung eingereicht (1975).

[73] Tränkle, H.   Untersuchungen über die Auslegung und Di-
mensionierung von Fünfachsen-Fräsmaschi-
nen. Unveröffentlichtes Manuskript am
Inst. f. Steuerungstechnik, Universität
Stuttgart (1975).

[74]   Nichtveröffentlichte Studien- und Diplom-
arbeiten der Herren Blum (1975),
                     Horn (1973),
                     Keinath (1973/74),
                     Walter (1974) und
                     Wurst (1974/75)
am Inst. f. Steuerungstechnik der Werkzeugmaschinen und Fertigungseinrichtungen,
Universität Stuttgart.

0.5 Informationen aus Firmen

[75] Bopp & Reutter GmbH, Mannheim-Waldhof

[76] Daimler Benz AG, Werk Sindelfingen

[77] Ford-Werke AG, Köln

[78] Heyligenstaedt, Gießen

[79] Kraftwerksunion (KWU), Mülheim (Ruhr)

[80] Läpple GmbH, Heilbronn, Großformwerkzeuge

[81] Messerschmidt-Bölkow-Blohm GmbH (MBB), Unternehmensbe-
reiche Ottobrunn, Augsburg und Hamburg

[82] Motoren und Turbinen Union (mtu), Werk München

[83] Oerlikon Bührle, Zürich (CH), Werk Winterthur

[84] Scharmann & Co., Rheydt

[85] Schiess AG (Froriep), Düsseldorf

$\llcorner$ 86 $\lrcorner$ Schmidt, GmbH, Neckarsulm

$\llcorner$ 87 $\lrcorner$ Schuler, GmbH, Göppingen, Werkzeug- und Pressenbau

$\llcorner$ 88 $\lrcorner$ Starrag, Starrfraesmaschinen AG, Rohrschacherberg (CH)

$\llcorner$ 89 $\lrcorner$ Vereinigte Flugtechnische Werke - Fokker GmbH,
Werk Bremen und Werk Varel

$\llcorner$ 90 $\lrcorner$ Volkswagen AG, Werk Wolfsburg

$\llcorner$ 91 $\lrcorner$ Th. Zeise, Hamburg 50, Spezialfabrik für Schiffsschrauben

$\llcorner$ 92 $\lrcorner$ C. Zeiss, Oberkochen

1 Einleitung

Zur Steigerung der Produktivität und Flexibilität setzt die Industrie in zunehmendem Maße numerisch gesteuerte Fräsmaschinen ein. In einzelnen Fällen sind dies Maschinen, die nicht nur entsprechend den kartesischen Koordinaten drei translatorische Bewegungen, sondern zusätzlich zwei rotatorische Bewegungen - d. h. fünf Achsen - simultan gesteuert besitzen. Damit können solche Maschinen sowohl die Lage der Fräserspitze als auch die Richtung der Fräserachse numerisch gesteuert verändern.

Diese zwei zusätzlichen kinematischen Freiheitsgrade ermöglichen es, einerseits komplizierte Werkstückflächen technologisch und geometrisch günstiger "fünfachsig" zu fräsen, andererseits erfordern sie einen erheblich höheren Investitionsaufwand für Anlagen und Entwicklung. Deshalb wurde diese Fräsmethode bisher nur wenig eingesetzt.

Durch die zwei zusätzlichen Freiheitsgrade entstehen der Arbeitsvorbereitung Probleme in der Technologie, der Teileprogrammierung und Postprozessorverarbeitung. Für jeden neuen Anwendungsfall müssen die Anwender zugeschnittene Einzellösungen finden, wobei die Wirtschaftlichkeit aufgrund des hohen Anlagewertes im Vordergrund steht. Diese Einzellösungen, von denen sehr wenig veröffentlicht wurde, sind i. a. Erweiterungen von bereits erprobten dreiachsigen Versionen.

Deshalb ist die Zielsetzung dieser Arbeit, die Einzelprobleme der Arbeitsvorbereitung unter allgemeingültigen Gesichtspunkten zu analysieren und Anwendern Anhaltspunkte für den wirtschaftlichen Einsatz des fünfachsigen Fräsens in weiteren Anwendungsbereichen zu liefern. Für den praktischen Teil der Untersuchungen stand eine numerisch gesteuerte Fünfachsen-Fräsmaschine, Rechenzeit am Großrechner CD 6600 sowie die Programmiersprachen FORTRAN IV und APT III zur Verfügung.

Das umfassende Gebiet des fünfachsigen Fräsens wird von einem Team am Institut für Steuerungstechnik, Stuttgart, bearbeitet;

deshalb werden in dieser Arbeit sowohl die Bearbeitung analytisch nicht einfach beschreibbarer Flächen $\angle$ 66 $\angle$ als auch die
konstruktive Auslegung von Fünfachsen-Maschinen und die davon
abhängigen Fehler $\angle$ 73 $\angle$ ausgeklammert.

1.1 Stand der Technik

Für das fünfachsige Fräsen läßt sich der Stand der Technik
nach folgender Gliederung darstellen:
- Nach den Werkstücken,
- den Fünfachsen-Fräsmaschinen, die in allen Achsen steuerbar
  sind,
- den numerischen Steuerungen für diese Maschinen und
- der dafür notwendigen NC-Programmierung, speziell den Postprozessoren (PP).

Die Werkstücke, die z. Z. in der Industrie fünfachsig gefräst
werden, sind aus folgenden Anwendungsfällen bekannt:
- Spanten und Beschläge mit schiefen Wänden, Stegen und Rippen
  aus der Luft- und Raumfahrt werden insbesondere in den USA
  seit mehreren Jahren fünfachsig bearbeitet $\angle$ 30, S. 227, 45 $\angle$.
- Schiffspropeller und Turbinenschaufeln werden in Schweden
  mit Messerköpfen fünfachsig bearbeitet $\angle$ 85 $\angle$.
- Laufräder von Kopressoren werden in Großbritannien auf einer
  Spezialmaschine fünfachsig (drei Werkstücke gleichzeitig)
  nachformgefräst $\angle$ 88 $\angle$.
- Zur Erstellung der Rasterbahnen von Modellen im Karosseriebau wird in der Bundesrepublik Deutschland eine Fräsmaschine
  benutzt, die simultan in drei translatorischen Achsen numerisch bahn- und gleichzeitig in den rotatorischen Achsen manuell gesteuert verfährt. Der Drehpunkt liegt dabei in der
  Fräserspitze $\angle$ 77 $\angle$.

Fünfachsen-Fräsmaschinen gibt es in einer Vielfalt von Bauformen $\angle$ 21, 23, 52, 72 $\angle$. Sie sind meist auf eine eng begrenzte
Fertigungsfamilie zugeschnitten, wie z. B. der Propellerblät-
ter. Bei Maschinen für die Flugzeugindustrie sind oft nur klei-

ne Achsrichtungsänderungen bis zu $\pm$ 25 $^\circ$ möglich. Manche Maschinen haben automatischen Werkzeugwechsel, sowie eine schwere und eine leichte Arbeitsspindel.

Die zugehörigen <u>numerischen Steuerungen</u> erlauben meistens die Simultanbewegung aller fünf Achsen [9]. Eingabegrößen des NC-Programms sind die Koordinatenwerte der zu steuernden Achsen und die Verfahrzeit zwischen zwei Positionen für die Vorschub-programmierung, manchmal auch der Kehrwert der Verfahrzeit (inverse time), vgl. Abschnitt 5.2 und 8.5. Zunehmend kommen dabei CNC [51] zum Einsatz.

Die geometrisch komplizierten Verhältnisse beim fünfachsigen Fräsen erfordern allgemeine oder zugeschnittene NC-Programmier-systeme, um den Arbeitsplan in ein NC-Programm umzusetzen. Die meisten Anwender benutzen dazu die Programmiersprache APT mit den zahlreichen ergänzenden Spezialprogrammsystemen wie FMILL und APTLFT [47]. Das APT-Programmiersystem kann ein verein-fachtes Fräsermodell entlang analytisch einfach beschreibbaren Flächen (bis 2. Ordnung) führen und so die Fräsbahnen errech-nen. Die ergänzenden Programmsysteme erweitern dies auf analy-tisch nicht einfach beschreibbare Flächen, z. B. solchen von Flugzeug- und Karosserieteilen. Das APT-System steht in den größeren technisch-naturwissenschaftlichen Rechenzentren zur Verfügung. Als Alternativen sind die Programmiersprachen INCA (General Motors), OKISURF (OKI Electric Industry, Japan), UNIAPT, NUFORM und COMPACT II [39] noch bekannt.

Das Nachverarbeitungsprogramm (Postprozessor) paßt die Daten-ausgabe (CLDATA) des APT-Prozessors der speziellen Steuerung und Maschine an [18, 20]. Der Postprozessor ist auf die je-weilige Fünfachsen-Maschine und die zugehörige numerische Steu-erung zugeschnitten. Es sind dafür umfangreiche Universal-Post-prozessoren [67], modular aufgebaute [7] als auch spezielle Postprozessoren bekannt. Dokumentationen, besonders von Fünf-achsen-Postprozessoren, sind nicht veröffentlicht.

Der Begriff Prozessor wird in den Normen [18] und [20] widersprüchlich verwendet. Hier wird die Definition von $\mathcal{L}$ 20 $\mathcal{J}$ im Sinne von "Verarbeitungsprogramm" benutzt.

Der sogenannte "kinematische Fehler" tritt hauptsächlich beim fünfachsigen Fräsen auf und wird vom Postprozessor überwacht. Dieser Fehler hat seine Ursache in der Überlagerung von rotatorischen und translatorischen Bewegungen. Er wird im Schrifttum häufiger behandelt $\mathcal{L}$ 10, 11, 21, 40, 65, 67 $\mathcal{J}$.

Dort werden auch Fehlerberechnungs- und -kompensationsmethoden beschrieben, die aber rechenzeitaufwendig sind. Sie versuchen mit unzureichenden Daten den Fehler im Postprozessor zu kompensieren. Eine Maßnahme, welche die Fehlerursache ausschaltet, ist in der Anwendung nicht bekannt.

Die Fünfachsen-Postprozessoren waren bei Beginn der Untersuchungen (1970) aus den USA nicht käuflich zu erwerben. Zudem haben sie den entscheidenden Nachteil, daß sie auf älteren Entwicklungen von Steuerungen und Werkzeugmaschinen basieren; z. B. nehmen darin die Quadrantenumschaltung bei Kreisinterpolation, Überschwingfehler (overshoot) in den einzelnen Achsen, Beschleunigungs- und Verzögerungsvorgänge einen breiten Raum ein. Die Überwachung dieser Fehler im Postprozessor ist in dieser Form durch die Entwicklungen der Steuerungen und NC-Maschinen überholt worden.

Richtlinien für die Erstellung von Fünfachsen-Postprozessoren, Flußdiagramme und durch praktische Erfahrungen sowie theoretische Überlegungen begründete Aufgaben und Funktionen sind aus dem Schrifttum nicht bekannt.

Ferner ist für das fünfachsige Fräsen hinsichtlich eines systematischen Vergleichs mit konkurrierenden Fertigungsverfahren, seines sinnvollen Anwendungsbereichs und seiner Wirtschaftlichkeit keine Untersuchung anderer Stellen bekannt.

Ein nicht veröffentlichter Vergleich bei der Herstellung von Karosseriemodellen fiel angeblich nicht zugunsten des fünfach-

sigen Fräsens aus $\mathcal{L}$ 77 $\mathcal{J}$. In $\mathcal{L}$ 4 $\mathcal{J}$ wird erklärt, das fünfachsige Fräsen bringe bei der Bearbeitung gekrümmter Flächen
nicht mehr Vorteile, als wenn mit konstanter Fräserachsrichtung dreiachsig gefräst und zwischen den einzelnen Arbeitsab-
schnitten die Fräserachsrichtung manuell verändert werde. Dieser öffentlich zugängliche Stand der Kenntnisse zum fünfachsigen Fräsen führte zu folgender Problemstellung.

1.2 Problemstellung

Für die Fertigung komplizierter Werkstücke wird zunehmend das
fünfachsige Fräsen in Betracht gezogen. Der zukünftige Anwender braucht jedoch Daten für die Investitionsrechnung. Dazu
muß er die Bearbeitungsmöglichkeiten, die zu erwartende Genauigkeit, die Fertigungszeit und die Kosten abschätzen können.

Die Arbeitsvorbereitung, welche die Faktoren stark beeinflußt,
geht im allgemeinen vom dreiachsigen Fräsen aus. Will sie den
Schritt zum fünfachsigen Fräsen machen, so treten für sie unter anderen folgende Probleme auf:

- Welche Werkstückflächen können mit welcher Fräserstellung
  zur Oberfläche in welcher Richtung optimal fünfachsig bearbeitet werden?
- Gibt es dafür allgemeingültige maschinenunabhängige Kriteri-
  en?
- Wie beeinflußt die manuelle Nachbearbeitung diese technologischen Kriterien und die Kosten für das fünfachsige Fräsen?
- Welche Fehler treten dabei auf und wie können sie innerhalb
  gegebener Toleranzen gehalten werden bzw. für welche Tole-
  ranzbereiche ist das fünfachsige Fräsen kostengünstiger als
  das dreiachsige Fräsen?
- Wie wirkt sich die wesentlich kompliziertere Kinematik des
  fünfachsigen Fräsens auf den Aufwand für den NC-Programmtest
  aus?

Dieser Fragenkomplex wird im folgenden analysiert; ferner werden Kriterien und Lösungswege aufgezeigt, die in praktischen Versuchen am Institut für Steuerungstechnik getestet und mit Informationen aus der Industrie verglichen wurden.

2 Fünfachsiges Fräsen als allgemeiner Fall des Fräsens

Genaue Werkstücke komplizierter geometrischer Gestalt, die nur
einmal oder wenige Male zu fertigen sind, werden meist spanend
hergestellt. Als spanendes Werkzeug dient die Meißelschneide
verschiedenartiger Gestalt. Für eine prinzipielle Betrachtung
ist ein einfacher Meißel geeignet, bei dem die Schneidbewegung
auch gleichzeitig Vorschubbewegung ist. Diese Bewegung stellt
die Veränderung der Stellung des Meißels relativ zum Werkstück
dar und wird durch eine Transformation des Koordinatensystems
im Meißel von einer Position zur anderen beschrieben (Bild 2-1).

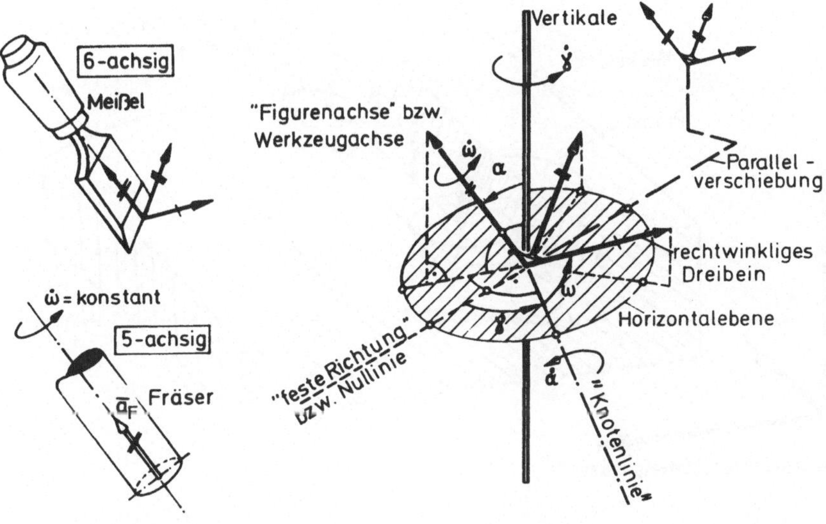

<u>Bild 2-1</u>: Herleitung des fünfachsigen Fräsens

Die Bestimmungsgrößen für diese Transformation sind wie beim
Kreisel nach Euler $\lfloor$ 54 $\rfloor$ die drei Winkel α, γ, ω für die Änderung der Koordinatenachsrichtungen und die drei translatori-
schen Komponenten x, y, z für die Parallelverschiebung des Ko-
ordinatenursprungs. Die Änderung dieser sechs Größen sind die
sechs Komponenten einer beliebigen Bewegung eines starren Kör-
pers.

Behält man für diese Bewegungskomponenten den Begriff "Achse"
bei, so ist eine beliebige Schneidbewegung eines Meißels relativ zu einem Werkstück eine "sechsachsige" Bewegung mit drei
rotatorischen und drei translatorischen Komponenten.

Dreht sich der Meißel um seine Symmetrieachse nicht gesteuert,
sondern mit konstanter Winkelgeschwindigkeit $\dot{\omega}$, trennt man also
die Bewegung in eine gesteuerte Vorschub- und konstante Schneidbewegung auf, so entsteht daraus ein rotierender Fräser mit
fünf gesteuerten Komponenten, nämlich zwei rotatorischen, um
die Fräserachsrichtung zu verändern, und drei translatorischen,
um die Lage der Fräserspitze zu verschieben.

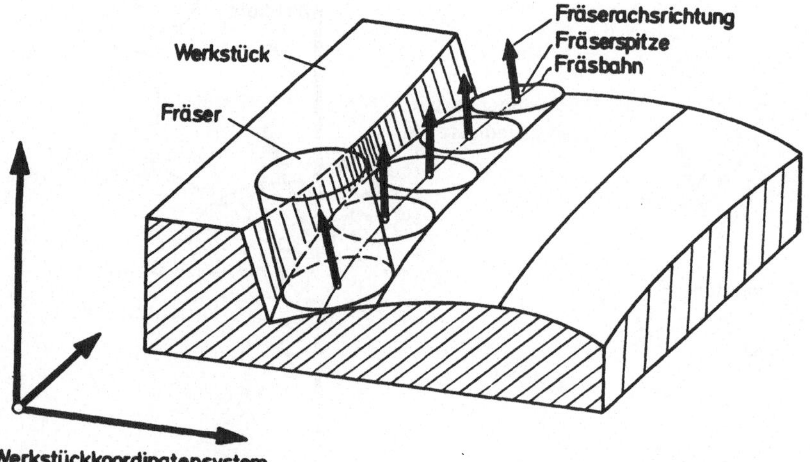

<u>Bild 2-2:</u> Kontinuierliche Änderung von Fräserspitzenposition
und Fräserachsrichtung

Dies führt zu der Definition: Beim fünfachsigen Fräsen läßt
sich kontinuierlich, simultan und gesteuert die Lage der Fräserspitze und die Richtung der Fräserachse relativ zu einem Werkstück beliebig verändern (Bild 2-2).

Diese Herleitung und Definition zeigt weiterhin, daß das fünfachsige Fräsen den allgemeinen Fall der Fräsbearbeitung darstellt, da keine zusätzlichen Bedingungen die möglichen Frei-

heitsgrade eines rotierenden Werkzeugs einschränken.

Fünfachsig arbeiten auch heute noch die Werkzeug-, Formen- und Modellbauer, wenn sie Handfräser und Handschleifer manuell steuern und führen. Und manuell werden bekanntlich die von ihrer Gestalt her kompliziertesten Werkstücke bearbeitet.

In [17, 55] werden Begriffe der Fertigungsverfahren definiert. Das fünfachsige NC-Fräsen kann dort eingegliedert werden; entsprechende Ergänzungen sind vorgesehen.

2.1 Einfachere Fräsverfahren als Sonderfälle des fünfachsigen Fräsens

Nachdem das fünfachsige Fräsen als der allgemeine Fall der Fräsbearbeitung hergeleitet wurde, sollen im folgenden die anderen Fräsverfahren unter dem Gesichtspunkt der Kinematik als Sonderfälle eingeordnet werden. Diese Sonderfälle entstehen dadurch, daß entweder nicht alle Komponenten sich gleichzeitig bewegen können oder weniger Komponenten vorhanden sind. Zunächst zur ersten Gruppe:

Bewegt eine Steuerung nur zwei der fünf Achsen bahngesteuert und benutzt die restlichen nur für Zustellbewegungen, so läßt sich damit ein eng begrenztes Werkstückspektrum, z. B. Trommelkurven, fräsen und vor allem mit Programmiersprachen beschreiben, die für 2D-Bearbeitung konzipiert sind. Spezielle Programmbausteine in Prozessor, Postprozessor oder in der Steuerung können dabei die sogenannte "Achsumschaltung" vornehmen [34].

Zerfällt die fünfachsige Simultanbewegung in eine Positionierbewegung für eine Fräserachsrichtungsänderung und die bahngesteuerte räumliche 3D-Bewegung der Fräserspitze, so können 2D- und 3D-Bearbeitungsfälle in jeder beliebigen Lage im Raum gefräst werden. Zu den 2D-Bearbeitungsfällen gehören Flansche, Bohrungen und Auflageflächen, die an Gehäusen nach verschiedenen Richtungen im Raum orientiert sind (Bild 2-3, II). Diese

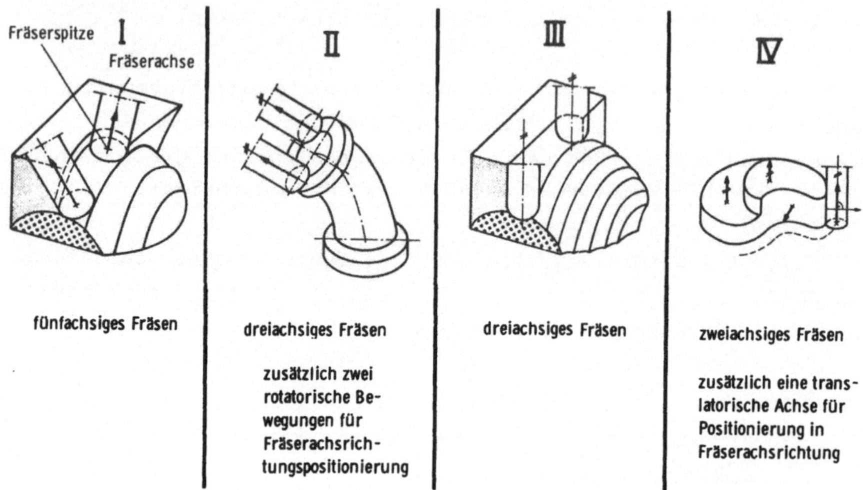

<u>Bild 2-3:</u> Kinematisch einfachere Fräsverfahrenhals Sonderfälle des fünfachsigen Fräsens

Fälle werden zunehmend interessant als Anwendungsgebiet von Fünfachsen-Fräsmaschinen $\lfloor$ 5 $\rfloor$.

3D-Bearbeitungsfälle, wie das Fräsen von Windkanalmodellen und von Karosseriewerkzeugen, werden dadurch verbessert, daß der Fräser so zur Werkstückfläche gekippt wird, daß keine Kollisionen entstehen (z. B. an Hinterschneidungen) und günstige Schnittbedingungen eingehalten werden können $\lfloor$ 76 $\rfloor$.

In den beiden letzten Fällen, bei denen während eines Bearbeitungsabschnitts die Fräserachsrichtung konstant bleibt, können anstelle von rotatorischen Maschinenachsen ebenso Kipp- und Drehaufspannvorrichtungen die Fräserachsrichtung relativ zum Werkstück ändern.

Die zweite Gruppe der Sonderfälle hat weniger Bewegungskomponenten als das fünfachsige Fräsen. Fällt eine rotatorische Komponente weg, so wird dies bei APT der vierachsige Fall genannt. Hauptsächlich Fräsmaschinen für die Aluminiumbearbeitung von Flugzeugteilen besitzen einen Schwenkkopf mit meist kleinem

Schwenkbereich. Zum Teilespektrum gehören z. B. Formwerkzeuge
für die Rotorblattfertigung, die günstig so gefräst werden, daß
ein Formfräser entlang der Rotorblattachse entsprechend der
Verwindung des Blattes gekippt wird $\lfloor$ 81 $\rfloor$.

Eine Mischung aus der ersten und zweiten Gruppe verwirklichen
manche Bearbeitungszentren. Sie können neben den drei translatorischen Komponenten noch die Fräserachsrichtung in einer Ebene ändern, z. B. bei Werkstücken, die auf einem Drehtisch aufgespannt sind.

Fallen die rotatorischen Komponenten, also die Veränderung der
Fräserachsrichtung, weg, so liegt das dreiachsige oder 3D-Frä-
sen vor. Die Fräserachsrichtung ist dabei meist parallel zu
einer Maschinenachse $\lfloor$ 47 $\rfloor$. Es kann als häufiger Standardfall
angesehen werden und wird deshalb in Abschnitt 6 zum Vergleich
herangezogen (Bild 2-3, III).

Ein großer Teil der Fräswerkstücke kann im wesentlichen auf ein
ebenes 2D-Problem zurückgeführt werden, so daß sich der Fräser
in zwei bahngesteuerten Bewegungen entlang ebenen Konturen auf
ebenen Bahn sich bewegen kann. Senkrecht zu dieser Ebene sind
Zustellbewegungen möglich. Dieses zweiachsige oder 2D-Fräsen
(Bild 2-3, IV) ist neben dem konventionellen manuellen einach-
sigen Fräsen der kinematisch einfachste Fall der Fräsbearbeitung.

Die Begriffe 2D- und 3D-Fräsen sind in der Fachliteratur ge-
bräuchlich. Eindeutig sind damit ebene bzw. räumliche Bewegungen der Fräserspitze, d. h. eines Punktes, gekennzeichnet.
Würde dieser dreidimensionale Vektor (Bild 2-4, I) um die Kugelkoordinaten des Einheitsvektors (α, γ, r) in Fräserachsrichtung erweitert, so ergäbe sich ein Fräserpositionsvektor
mit fünf Komponenten (Bild 2-4, III).

Der Begriff "5D" für fünfachsiges Fräsen und der Begriff "4D"
für vierachsiges Fräsen wäre damit gerechtfertigt. Schwierig
wird die Definition dadurch, daß der Begriff 4D nichts darüber

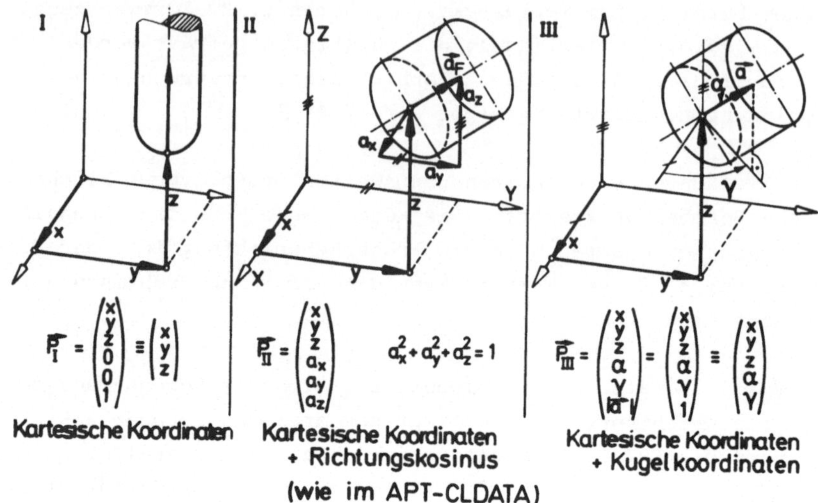

Bild 2-4: Darstellung der Fräserposition (Lage der Fräserspitze und Richtung der Fräserachse) als Spaltenvektor P

aussagt, welche von den fünf Komponenten weggelassen ist. Ferner kann mit den Begriffen 4D und 5D nicht gekennzeichnet werden, welche der Komponenten simultan bahngesteuert sind und welche getrennt davon Positionierbewegungen durchführen können. Deshalb werden in dieser Arbeit diese beiden Begriffe vermieden.

Wie die Beispiele zeigen, lassen sich alle NC-Fräsverfahren durch zusätzliche Einschränkungen aus dem fünfachsigen Fräsen ableiten. In Abschnitt 7 wird noch dargelegt, inwieweit die NC-Programmierung, der Postprozessor, die Steuerung und die bei Programmierung und Fertigung auftretenden Fehler des fünfachsigen Fräsens auch den allgemeinen Fall darstellen.

Dieser Gesichtspunkt des "allgemeinen Falls" wird im folgenden Text als Leitgedanke dienen. Er erlaubt auch, unabhängig von einer gedachten oder realisierten Maschinenkonstruktion, Kriterien für das fünfachsige Fräsen nur in der Fräser-Werkstück-Zuordnung zu betrachten.

3 Lagezuordnung von Werkstück und Fräser
beim fünfachsigen Fräsen

Die Analyse geht von einer idealisierenden Werkstück-Fräser-Zuordnung aus, d. h. sie betrachtet nur die Hüllfläche des rotierenden Fräsers (z. B. einen Zylinder), welche sich genau entlang den Fräsbahnen und die Werkstückoberfläche tangierend bewegt. Es werden häufige Fräserformen betrachtet, Fräsbahnen damit erzeugt und den Werkstückflächen zugeordnet.

Technologische Bedingungen schränken dabei die Vielfalt der geometrischen Zuordnungen von Fräser und Werkstück stark ein. Die Vereinfachungen und damit "Fehler" der praktischen Durchführung gegenüber der folgenden idealisierenden Werkstück-Fräser-Zuordnung werden dann in Abschnitt 7 untersucht.

3.1 Fräserformen

Bei verschiedenen Anwendern konnte festgestellt werden, daß bei der NC-Fräsbearbeitung analytisch nicht einfach beschreibbarer Flächen $\mathcal{L}$ 48 $\mathcal{J}$ nur deshalb kugelförmige Fräser eingesetzt werden, weil die NC-Programmiersysteme nur diesen einfachen Fall erlauben $\mathcal{L}$ 27 $\mathcal{J}$. Das konkurrierende Nachformfräsen setzt dagegen, wenn irgend möglich, Schaftfräser mit Eckenradien (Bild 3-1, C) und ähnliche Spezialformen (Bild 3-1, B und F) ein, da sie wesentlich höhere Zerspanleistungen bringen $\mathcal{L}$ 80, 87 $\mathcal{J}$. Deshalb ist für einen wirtschaftlichen Einsatz des fünfachsigen Fräsens die Fräserform wichtig, die programmiert werden kann.

Wie im vorausgehenden Abschnitt hergeleitet, ist das fünfachsige Fräsen kein Spezialfräsverfahren; entsprechend sind auch keine speziellen Fräserformen, sondern fast alle Fräser, die nur einseitig eingespannt sind, dafür geeignet.

Die geometrisch einfachste Hüllfläche eines Fräsers ist der Kreiszylinder (Bild 3-1, A), der Standardfall in NC-Programmier-

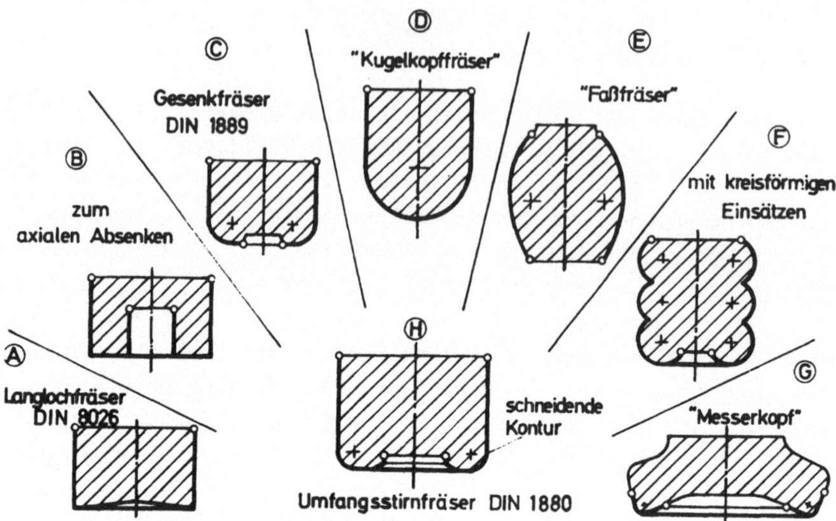

Bild 3-1: Auswahl einfacher, häufig eingesetzter Fräserformen für die Bearbeitung gekrümmter Flächen; für die NC-Programmierung vereinfacht dargestellter Querschnitt der Rotationshüllkörper

sprachen. Er entspricht dem Langlochfräser, der über die Fräsermitte schneidet und auch im Tauchschnitt langsam gegen die Fräserachsrichtung in den Werkstoff einfahren kann.

Die ungünstigen Schnittbedingungen im Bereich der Fräserspitze der Fräser A und D (niedrige Wirkgeschwindigkeit, hoher Verschleiß) vermeidet der Fräser mit Schneiden an der Kernaussparung (Bild 3-1, B). Er kann gegen die Fräserachsrichtung in das Werkstück eintauchen. Bei seitlichen Vorschubbewegungen zerspanen die Schneiden an der Kernaussparung den stehengebliebenen Zapfen $\lfloor$ 87 $\rfloor$.

Die ungünstigen Schnittbedingungen an der Fräserecke (Wärmestau, hoher Verschleiß) vermeiden Fräser mit Eckenradien (Bild 3-1, C). In Wirklichkeit haben alle Fräser Eckenradien, die kleineren werden bei der NC-Programmierung meist vernachlässigt, die grösseren sind häufig identisch mit den Eckenradien am Werkstück.

Fallen die beiden Eckenradienmittelpunkte zusammen, so entsteht der Schaftfräser mit runder Stirn (Bild 3-1, D). Größere Formen werden "Kugelkopffräser", kleinere Formen "Stichel" genannt. Sie schneiden über die Mitte. Mit kegeligem Schaft setzt sie der Werkzeugbau beim Nachformfräsen ein.

Eine ähnliche Form für das Umfangsfräsen zeigt der Faßfräser (Bild 3-1, E). Er kann zum Beispiel beim fünfachsigen Fräsen mit FMILL-APTLFT programmiert werden.

Beim sogenannten "Messerkopf" (Bild 3-1, G) fällt der stirnseitige Außen- und Innendurchmesser zusammen. Besonders gute Oberflächen bringen eingesetzte Schneidplatten, die auf der Stirnseite leicht ballig sind. Dieser Fräser ist für große Flächen mit geringer Krümmung, wie sie bei Schiffspropellern und Karosseriewerkzeugen vorkommen, geeignet.

Als repräsentativ für all diese Fräserformen kann der Umfangsstirnfräser (Bild 3-1, H) mit Eckenradien und Schneiden an der Kernaussparung angesehen werden. Die wesentlichen Merkmale der anderen Fräserformen sind in ihm vereinigt. Er hat sich zudem bei den vorliegenden fünfachsigen Fräsversuchen bewährt.

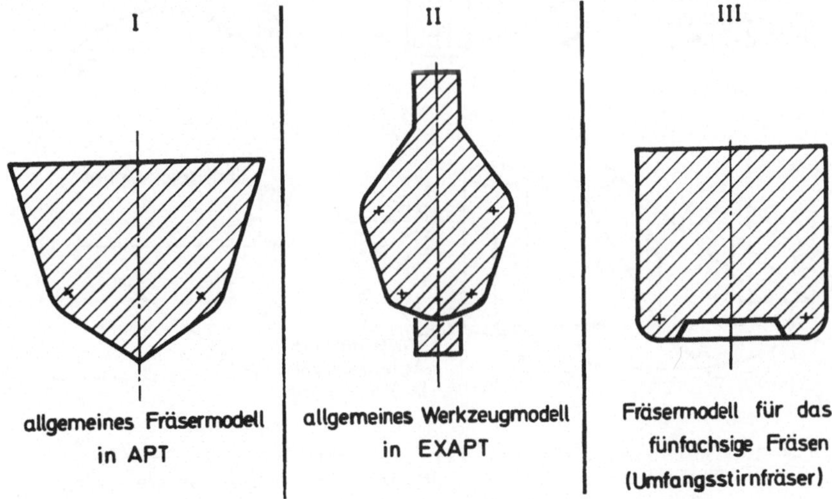

Bild 3-2: Vergleich von Fräsermodellen für die NC-Programmierung

Für die NC-Programmierung dieser Fräserformen stehen in den bis
jetzt bekannten Programmiersystemen nur konvexe Hüllflächen mit
Zylinder-, Kegel- und Torusflächen zur Verfügung (Bild 3-2, I
und II) $\lbrack$ 1, 22, 33 $\rbrack$. In den NC-Programmiersprachen und -syste-
men ist deshalb für viele Fälle des dreiachsigen, besonders
aber des fünfachsigen Fräsens, eine Ergänzung des Fräsermodells
durch einen konkaven Teil notwendig (Bild 3-2, III). Auf jeden
Fall braucht der Teileprogrammierer die Maße des konkaven Teils
in seiner Werkzeugkartei, um dem Fräser geeignete Voreilwinkel
zu geben und um Kollisionen zu vermeiden.

3.2 Fräsbahnhüllflächen und Fräsbahnprofile

Im allgemeinen ist es schwierig, sich die fünfachsige Bewegung
eines Fräsers im Raum vorzustellen. Bild 3-3 zeigt einen solchen Fall. Ebenso schwierig ist es, sich die dabei entstehen-
den Werkstückoberflächen vorzustellen, sowie die Fräsrillentiefe abzuschätzen. Die folgende "Hüllflächenmethode" soll dies

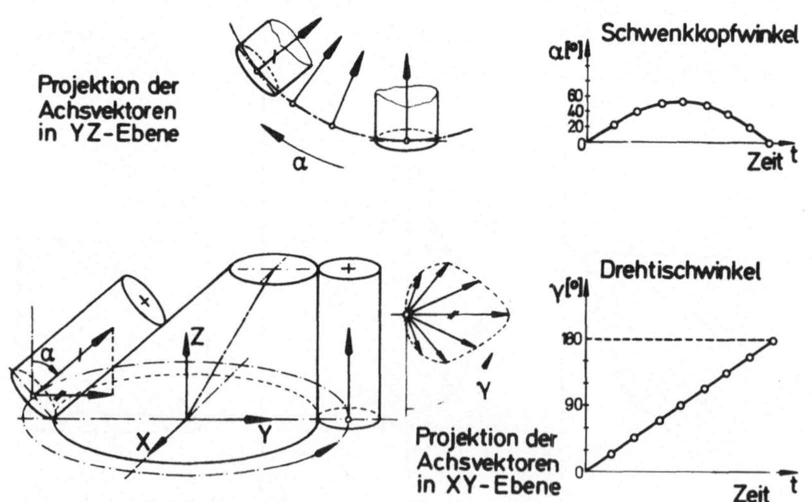

Bild 3-3: Einfaches Beispiel für die schwierige Kinematik beim
fünfachsigen Fräsen. Obwohl der Fräser am Werkstück
einen 360° Kreis umfährt, dreht sich der Drehtisch der
Versuchsfräsmaschine nur 180°

erleichtern, um im voraus zu prüfen, ob der Fräser mit dem
Werkstück an anderen als den berechneten Kontaktstellen kollidiert (gouging check).

Betrachtet man nur die einhüllenden Flächen, die einen rotierenden Fräser bei seiner Bewegung umschließen, so kann man die Kinematik des fünfachsigen Fräsens auf eine Zuordnung von Fräsbahnhüllflächen und Werkstückflächen reduzieren. Im folgenden
sollen dazu einige Standardfälle näher erläutert werden. Als
Beispiel dient ein vereinfachtes Modell des oben herauskristal-
lisierten Umfangsstirnfräsers.

Bewegt sich der Fräser fünfachsig entlang einer Fräsbahn, die
Fräserachsrichtung senkrecht zur Bewegungsrichtung, so erzeugen die Fräsermantellinien angenähert abwickelbare Flächen

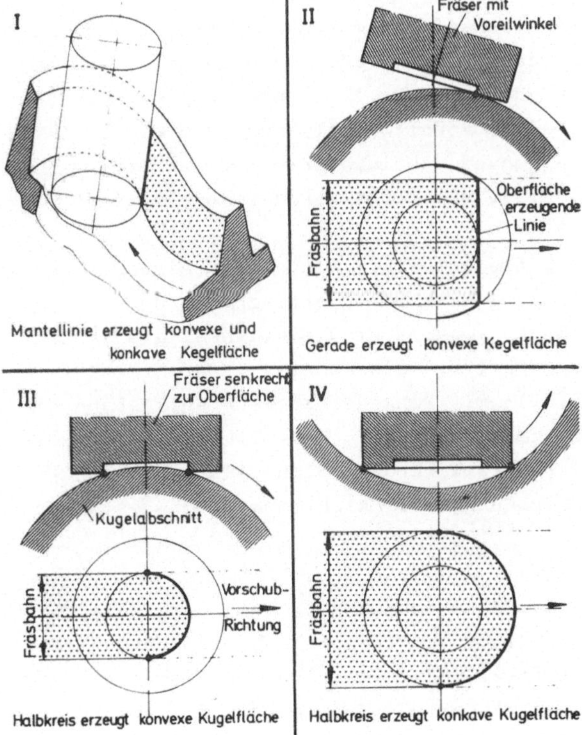

Bild 3-4:

Standardbeispiele
für fünfachsig
fräsbare Flächen

(z. B. Regelflächen, allgemeine Kegel), sowohl konvexe, wie konkave; konkave jedoch mit dem Fräserradius als dem kleinsten Krümmungsradius (Bild 3-4, I). Ein Sonderfall davon sind die allgemeinen Zylinderflächen beim 2D-Fräsen (vgl. Bild 2-3, IV).

Ein Voreilwinkel wird im folgenden wie in APT definiert und ist der Winkel zwischen der Normalen zur Vorschubrichtung des Fräsers und dem Fräserachsvektor. Diese Definition ist unabhängig von der Werkstückfläche und kann damit in die Fräsbahnhüllflächenmethode einbezogen werden. Hat die Fräserachsrichtung einen Voreilwinkel gegenüber der Vorschubrichtung, so erzeugt die gerade Fräsermantellinie hyperboloidähnliche Flächen, als Sonderfall Ebenen. Diese Flächen sind besonders schwierig zu programmieren wegen der Kollisionen des Fräsers an anderen als den berechneten Stellen.

Bewegt sich die Fräserspitze auf einem konvexen Kreisbogen entsprechend dem Krümmungsradius eines Fräsbahnabschnitts, und berührt der Fräserinnendurchmesser ($2r_i$) die programmierte Fräsbahn (d. h. Fräsen mit einem Voreilwinkel), so kann die ringförmige Stirnseite auch konvexe abwickelbare Flächen erzeugen (Bild 3-4, II und 3-5, III), wie gerade Fräsermantellinien.

Bewegt sich die Fräserspitze auf einem konvexen Kreisbogen und ist gleichzeitig der Fräserachsvektor identisch mit dem Krümmungsradiusvektor (NORMPS), so erzeugt die stirnseitige Kante des Fräserinnendurchmessers ($2r_i$) eine konvexe Kugelfläche (Bild 3-4, III und 3-5, I); mit konkaver Kreisbogenfräsbahn des stirnseitigen Außendurchmessers ($2r_a = d_a$) eine konkave Kugelfläche (Bild 3-4, IV). Zum Teil werden solche Flächen durch gleiche kinematische Zuordnung, aber nicht numerisch gesteuert gefräst $\lfloor 46 \rfloor$.

Von diesen einfachen Grundfällen ausgehend, kann der Teileprogrammierer auch solche Flächen und Fräsrillenprofile abschätzen, die durch andere Voreilwinkel und größere Eckenradien entstehen (Bild 3-5). Je nach Voreilwinkel des Umfangsstirnfräsers ergeben sich verschiedene Fräsbahnhüllflächen und die entsprechenden

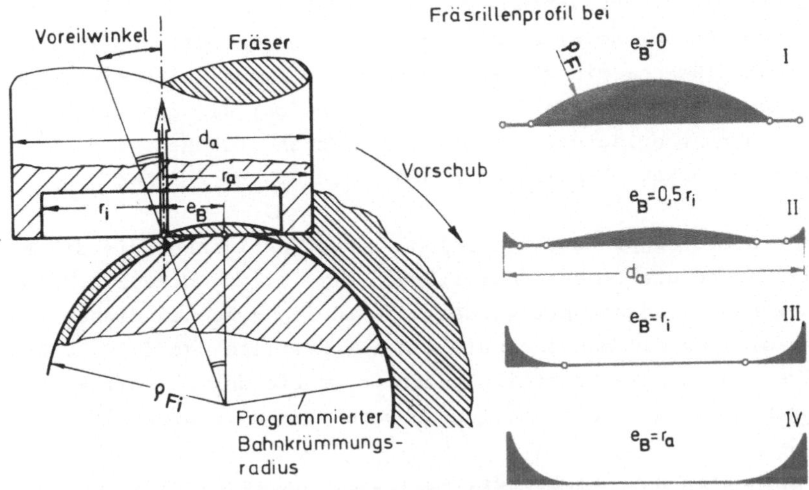

Bild 3-5: Voreilwinkel und Fräsrillenprofil beim fünfachsigen Fräsen mit Umfangsstirnfräser, maßstabsgetreue Darstellung

Profilquerschnitte. Der Teileprogrammierer wird die Profilquerschnitte bevorzugen, die nur wenig von der Geraden abweichen.

3.3 Werkstückflächen

Der Teileprogrammierer muß den Fräser an der zu bearbeitenden Werkstückfläche fünfachsig so entlang führen, daß bei geringen Rillentiefen kurze Bearbeitungszeiten anfallen. Wie in Abschnitt 3.2 schon angedeutet, werden die Randbedingungen dieser Fräser-Werkstück-Zuordnung übersichtlicher, wenn die Fräsbahnhüllflächen den Werkstückflächen zugeordnet werden. Dies bedeutet, daß die geometrisch-kinematische Zuordnung von Fräser und Werkstück zu einer Zuordnung von Raumkörpern und bei Querschnitten zu einer Zuordnung von ebenen Flächen reduziert wird.

In EXAPT 3 $\lceil$ 22, 33 $\rfloor$ wird dies als "Schnittaufteilung" für die Zustellbewegung und als "Bahnzerlegung" für die ebene bahngesteuerte Bewegung definiert.

Bei den Werkstückflächen ergeben sich zwei Gruppen, die kleinere umfaßt solche Flächen, die identisch sind mit den Fräsbahnhüllflächen; ein fünfachsig bewegter Fräser kann sie theoretisch exakt erzeugen (die Abweichungen bei der praktischen Durchführung erläutert Abschnitt 7). Solche Flächen sind konvexe und konkave Kugelflächen und abwickelbare Flächen.

Die größere Gruppe enthält solche Werkstückflächen, die stückweise durch die Fräsbahnhüllflächen (im folgenden kurz Fräsbahnen genannt) angenähert werden; die Lücken zwischen diesen Flächen stellen die makrogeometrischen Fräsrillen dar $\boldsymbol{\mathit{[}}$ 27 $\boldsymbol{\mathit{]}}$. Die Kriterien für die Beurteilung der Geometrie der Fräsrillen hängen davon ab, ob manuell nachbearbeitet wird oder nicht.

Wird manuell nachbearbeitet, so ist die vorgefräste Werkstückfläche umso besser,
- je genauer die einzelne Fräsbahn ist, welche die ideale Werkstückfläche tangieren soll, da die Genauigkeit an der tiefsten Stelle der Fräsrille die Genauigkeit der manuellen Nacharbeit bedingt,
- je dichter die Fräsbahnen liegen, d. h. je mehr Stützlinien das manuelle Glätten erleichtern, und
- je geringer die Rillentiefe ist, die manuell noch abgetragen werden muß.

Die angegebene Reihenfolge entspricht etwa auch der Wichtigkeit dieser in der Praxis üblichen Gesichtspunkte $\boldsymbol{\mathit{[}}$ 77, 80, 87, 90 $\boldsymbol{\mathit{]}}$.

Wird manuell nicht nachbearbeitet, so können folgende Kriterien bestimmen, ob die gefräste Werkstückfläche gut oder Ausschuß ist:
- Die Fräsbahn muß innerhalb der Lagetoleranz liegen.
- Die Fräsrillentiefe muß innerhalb der Formtoleranz liegen.
- Das Werkstückgewicht muß innerhalb der Toleranz liegen, d. h. das Restvolumen zwischen den Rillen muß möglichst gering gehalten werden (Luft- und Raumfahrt).

3.4 Lage der Fräsbahnen zur Werkstückfläche

Für die Fräsbahndichte und die Lage der Fräsbahnen zum Werkstück sind neben den genannten geometrischen Kriterien auch die
Kosten für die Fräsbearbeitung von Einfluß.

Die Fräszeit bestimmt im wesentlichen die Kosten der Fräsbearbeitung. Die Gesamtlänge der Fräsbahnen und die möglichen Vorschubgeschwindigkeiten wiederum bestimmen die Fräszeit, d. h.
eine möglichst geringe Gesamtlänge der Fräsbahnen und möglichst
hohe Vorschubgeschwindigkeiten ergeben bei sonst gleichen gleichen Bedingungen ein Kostenminimum. Für diesen Zusammenhang von
Fräsbahnlage und Fräsbahnlänge wurde folgendes "Kriterium der
Krümmungsdifferenz" entwickelt, das quantitativ ausdrückt, was
qualitativ durch "eine möglichst gute Anpassung der Fräserge-
stalt an die Werkstückoberfläche" formuliert wird:

> Die Gesamtlänge der Fräsbahnen und ihre Fräszeit wird dann
> am kürzesten, wenn der Differenzbetrag der Krümmung von
> Fräsbahnhüllfläche und Werkstückfläche im Querschnitt am
> geringsten ist, da damit die Fräsrillentiefe am geringsten
> wird. Dies gilt auch für das zweiachsige und dreiachsige
> Fräsen.

Dieses Kriterium kann durch folgende Ungleichungen für zwei beliebige Vergleichsfälle A und B geprüft werden: Für die Krümmungsdifferenz Δk sei

$$\Delta k_A > \Delta k_B \qquad (3/1)$$

Wie aus Bild 3-6, Spalte 4 und 5, an acht Beispielen zu ersehen
ist, gilt dann für die Fräsbahnbreite b

$$b_A < b_B \qquad (3/2)$$

Nimmt man ein beliebiges, gekrümmtes Flächenstück A an, so ist
die Gesamtlänge seiner Fräsbahnen l_F

$$l_F = \frac{A}{b} \qquad (3/3)$$

auf Gleichung (3/2) angewandt

Fall	r [mm]	ρ [mm]	$\Delta k = \frac{1}{\rho} - \frac{1}{r}$ [mm^{-1}]	$b = f(\rho, r)$ [mm]	maßstäbliche Skizze
I	-10	30	0,133	11,74	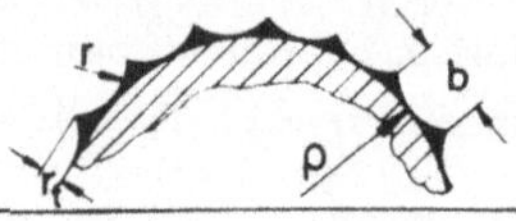
II	-10	60	0,117	12,89	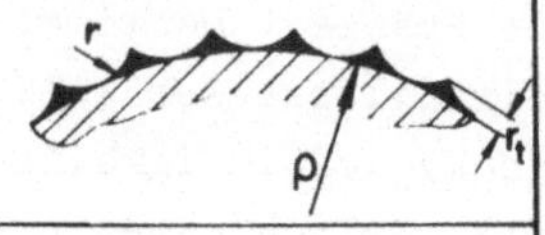
III	∞	30	0,033	27,49	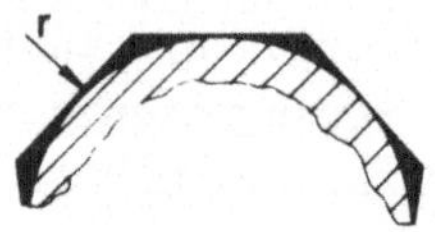
IV	∞	60	0,017	38,42	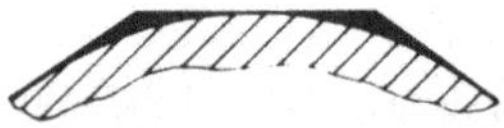
V	+10	60	0,083	16,02	
VI	+10	30	0,067	18,22	
VII	∞	30	0,03	26,15	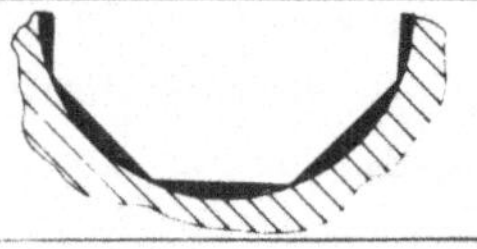
VIII	∞	60	0,017	37,47	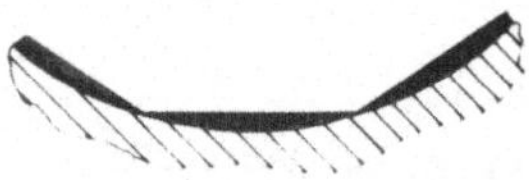

<u>Bild 3-6:</u> Zusammenhang von Differenzbetrag der Krümmung und Fräsbahnbreite bei einer Rillentiefe r_t = 3 mm

$$l_{FA} > l_{FB} \qquad (3/4)$$

Bei den üblichen Fräsbahnbreiten kann man voraussetzen, daß sie den Vorschub kaum beeinflussen. Damit ist die Fräszeit t_F angenähert proportional der Fräsbahnlänge l_F,

$$l_F \sim t_F \qquad (3/5)$$

in Gleichung (3/4) eingesetzt ergibt dies das oben formulierte
Kriterium der Krümmungsdifferenz:

$$t_{FA} > t_{FB} \qquad (3/6)$$

Praktisch angewandt bedeutet das (Bild 3-7), oben):

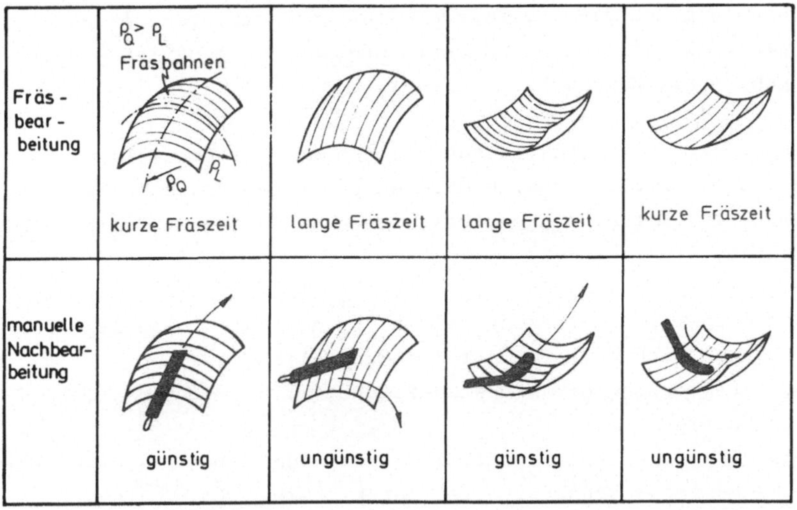

Bild 3-7: Bei vorgegebener Rillentiefe, optimale Lage der Fräsbahnen für die Fräsbearbeitung und für das manuelle
Glätten der Rillen

Bei konvexen Werkstückflächen müssen die Fräsbahnen in Richtung
der größten Krümmung, bei konkaven Werkstückflächen in Richtung
der kleinsten Krümmung des Werkstücks verlaufen.

Bei kleiner Differenz der Krümmungsradien ρ_Q und ρ_L ist dieser
Einfluß der Fräsbahnrichtung geringer. Andere Kriterien, wie
manuelle Nacharbeit, Kollision, vereinfachte NC-Programmierung
mit getesteten MACROs und vor allem die technologischen Bedingungen werden in diesen Fällen die Fräsbahnrichtung bestimmen.

3.5 Einschränkungen zur Fräsbahnlage

Für die manuelle, glättende Nacharbeit (Bild 3-7, unten) konnten folgende Kriterien ermittelt werden:
- Die Arbeitsrichtung verläuft quer zu den Fräsrillen, da so das Handwerkzeug besser arbeitet und während der Bewegung viele Stützstellen auftauchen.
- Die Arbeitsrichtung verläuft in Richtung der kleineren Krümmung, da dies geringere Richtungsänderungen des Handwerkzeugs erfordert und damit ergonomisch günstigere Bewegungen des Handwerkers erlaubt.

Bei konvexen Werkstückflächen fällt somit die kurze Fräszeit mit einer für das manuelle Glätten günstigen Fräsbahnlage zusammen, bei konkaven Werkstückflächen und konkaven Rillenquerschnitten nicht.

Außer dieser Einschränkung gelten für die Anzahl und Lage der Fräsbahnen noch weitere in folgenden Fällen:
- Die Begrenzung der Werkstückfläche, z. B. in Taschen, ist ungünstig.
- Das Werkstück kollidiert mit Fräser oder Maschine.
- Die maximale Bahnbreite ist durch Größe und Gestalt des Fräsers begrenzt.
- Die Zeit für Anlauf- und Auslaufwege ist proportional der Anzahl der Fräsbahnen. Ist das Längen-Breiten-Verhältnis der Fläche extrem groß oder klein, so gilt die Gleichung (3/5) gemachte Voraussetzung nicht mehr.
- Große Fräserachsrichtungsänderungen bei Fünfachsen-Maschinen erfordern bei manchen Bauformen große Ausgleichsbewegungen, die den Vorschub begrenzen und die Lageabweichungen der Fräsbahn erhöhen.
- Der Aufwand, eine optimale Fräsbahnzerlegung zu programmieren und auszutesten, steht in einem ungünstigen Verhältnis zur erzielbaren Fräszeitverkürzung.

Die praxisüblichen Bahnzerlegungen bei Karosseriewerkzeugen und bei Flugzeugteilen bestätigen diese theoretischen Ausführungen

zur Fräsbahnlage, auch bei vergleichbaren Fällen des Nachform-
fräsens.

3.6 Fräsrillentiefe r_t und Fräsbahnbreite b

Die im vorigen Abschnitt, Gleichung (3/2) gemachte Voraussetzung ist nur erfüllt, wenn die Funktion

$$b = f (\rho , r)$$

monoton steigt oder fällt. Dies soll zunächst für vier einfache
Standardfälle exakt und dann durch praktische Näherungsformeln
dargestellt werden. Dabei wird nur der Wertebereich diskutiert,
der für Anwendungsfälle in Frage kommt.

Für Fräsrillenquerschnitte, die nicht gerade oder kreisförmig
sind, soll erlaubt sein (vgl. $[47]$), sie durch Kreisbogen
oder Gerade anzunähern. Die in Bild 3-9 dargestellten Funktionen
$$b = f (\rho , r, r_t) \qquad\qquad (3/7)$$

können ähnlich wie der in Bild 3-8 dargestellte Fall hergeleitet werden:

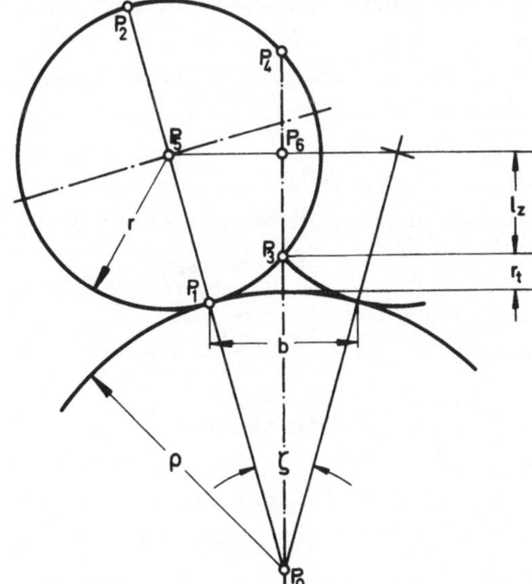

Bild 3-8:

Zur Berechnung der
Fräsrillentiefe r_t
von Fall II in
Bild 3-9

Mit dem Sehnensatz gilt:

$$\overline{P_oP_1} \cdot \overline{P_oP_2} = \overline{P_oP_3} \cdot \overline{P_oP_4} \tag{3/8}$$

die Längenvariablen eingesetzt, ergibt sich:

$$\rho\,(\rho + 2r) = (\rho + r_t)\,(\rho + r_t + 2\,l_z) \tag{3/9}$$

Als zweite Beziehung wird das Dreieck $P_oP_5P_6$ betrachtet, für das gilt:

$$\cos\frac{\varsigma}{2} = \frac{\rho + r_t + l_z}{\rho + r} \tag{3/10}$$

nach l_z aufgelöst

$$l_z = (\rho + r)\cos\frac{\varsigma}{2} - \rho - r_t \tag{3/11}$$

und (3/11) in (3/9) eingesetzt und nach ς aufgelöst

$$\varsigma = 2\ \arccos\ \left(\frac{\rho^2 + r\,\rho + \rho\,r_t + r_t^2/2}{(\rho + r_t)\,(\rho + r)}\right) \tag{3/12}$$

Die dritte Beziehung

$$b = 2\,\rho\,\sin\frac{\varsigma}{2} \tag{3/13}$$

in (3/12) eingesetzt, ergibt die Formel für b_{II} in Bild 3-9.

Diese Formeln sind für Schätzungen und viele Praxisfälle zu kompliziert. Deshalb wurde folgende Näherung entwickelt: Sie berechnet die Fräsrillentiefe als Summe von Sehnenhöhen (Vorzeichen bei gleicher oder entgegengesetzter Krümmung beachten!).

Für die Sehnenhöhe aber kann, berechnet mit dem Satz des Pythagoras, eine Näherungsformel abgeleitet werden (Bild 3-10, oben) mit den Bedingungen
$$h_S \ll R$$

angewandt auf Fräsrillenradius r $\qquad r_t \ll r$

und den Werkstückradius ρ $\qquad r_t \ll \rho$

Diese Formel auf die Standardbeispiele von Bild 3-9 angewandt, ergeben die Formeln von Bild 3-10, I bis IV. Für Fall I beträgt z. B. mit $\rho = 100$, $r = 10$ und $r_t = 0,5$ der Fehler der angenähert berechneten Bahnbreite 0,2 %. Diese Näherungsformeln wer-

den noch einmal in Abschnitt 6.4 zur Berechnung der Kostenbeispiele herangezogen.

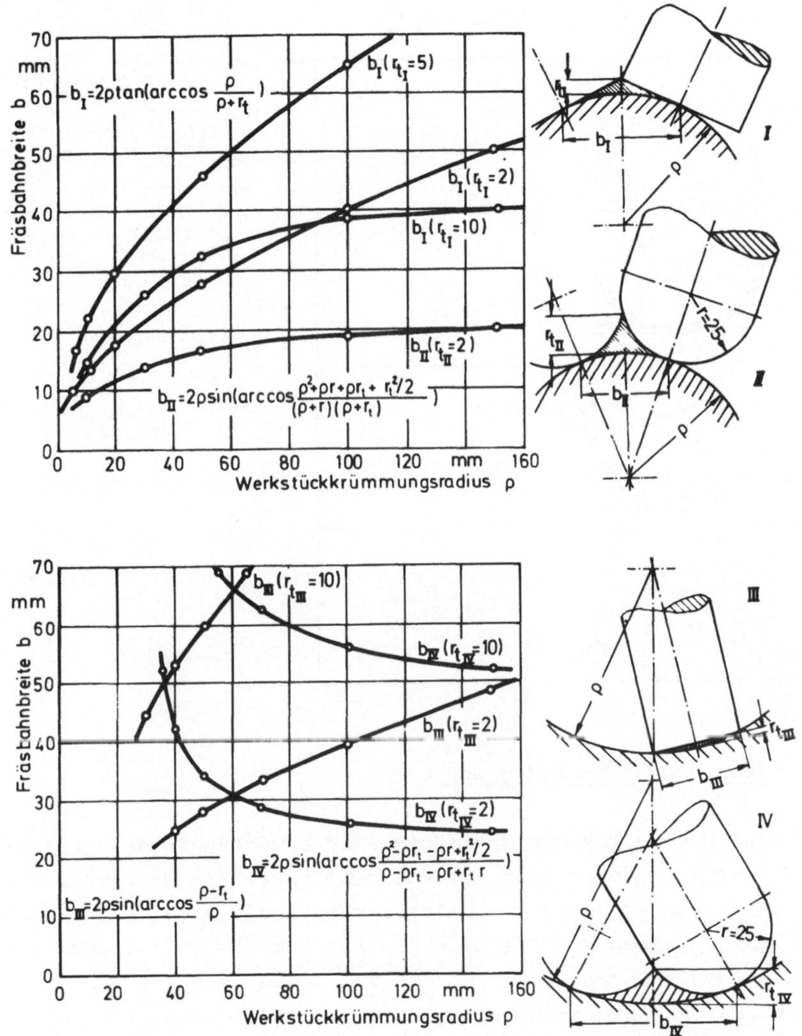

<u>Bild 3-9:</u> Fräsbahnbreite b = f(ρ, r, r_t) bei Querschnitten
senkrecht zu beliebigen konvexen Fräsbahnen

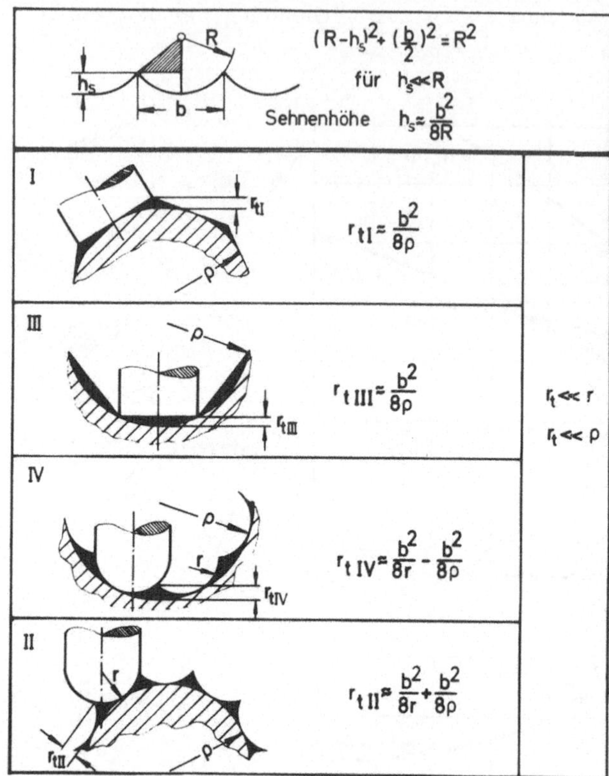

Bild 3-10:

Näherungsrechnung für die Fräsrillentiefe r_t aus Sehnenhöhen. Querschnitte senkrecht zu beliebigen konvexen Fräsbahnen wie in Bild 3-9

3.7 Technologische Bedingungen

Die fünf Freiheitsgrade des fünfachsig bewegten Fräsers erlauben nicht nur geometrisch optimal den Fräser dem Werkstück zuzuordnen, sondern auch technologisch optimal. Dabei entsprechen dem gleichbleibenden Fräsrillenprofil auch gleichbleibende Zerspanungsbedingungen, im Gegensatz zum dreiachsigen Fräsen, wo die Fräser-Werkstück-Zuordnung infolge der starren Fräserachsrichtung sich laufend ändert (Bild 3-11).

Mit wenigen Ausnahmen (vgl. Bild 3-14) ist beim Tauchschnitt das dreiachsige Fräsen technologisch unterlegen. Dreiachsig versucht der Arbeitsvorbereiter die ungünstigen Tauchschnitt-

Vergleich	Bahnzerlegung	Schnittbedingungen an konvexen Flächen	Schnittbedingungen an konkaven Flächen
3-achsige Fräsbearbeitung	Eilgang / Überlappung / Vorschub	Ziehschnitt / Tauchschnitt	Tauchschnitt
5-achsige Fräsbearbeitung	Zick-zack-förmige Bahnen	Stirnfräsen senkrecht zur Oberfläche	Einschwenken senkrecht zur Oberfläche
Vorteil	Weniger Wege bei gleichen Vorschüben	Größere Vorschübe, da ohne Tauchschnitt	Eintauchstelle muß nicht vorgebohrt werden

Bild 3-11: Technologische Vorteile des fünfachsigen Fräsens, verglichen mit dem dreiachsigen Fräsen

bedingungen dadurch zu mindern, daß er

- entweder nur Ziehschnitte fährt und die Leerwege in Kauf nimmt,
- oder den Raum für den Fräserkern zuerst freibohrt,
- oder den Tauchschnitt mit wesentlich langsamerer Vorschubgeschwindigkeit fährt,
  - weil es programmiertechnisch einfacher ist oder
  - weil es bei manchen konkaven Werkstückflächen sich nicht vermeiden läßt.

Das fünfachsige Fräsen kann diese Probleme vermeiden: Steht ein Umfangsstirnfräser senkrecht zur Vorschubrichtung oder hält er einen entsprechenden Voreilwinkel ein (z. B. Fräserinnendurchmesser das Werkstück tangierend), so bleiben die Schnittbedingungen konstant, und der Nachteil der niedrigen Wirkgeschwindigkeit im Bereich der Fräserspitze wird vermieden. Zusätzlich kann der Fräser fünfachsig bei konkaven Werkstückflächen ohne Tauchschnitt in den Werkstoff einschwenken. Ohne Tauchschnitt sind größere Vorschübe, höhere Standzeiten und weniger Leerwege

möglich, was im allgemeinen kostengünstiger ist als beim dreiachsigen Fräsen.

Schnittkräfte und Spanmenge steigen beim fünfachsigen Fräsen in
gleicher Weise an und begrenzen die von den Schnittbedingungen
her zulässigen Vorschubgeschwindigkeiten. Die höheren Schnittkräfte beim fünfachsigen Fräsen haben auch die entsprechenden
Nebenwirkungen in erhöhtem Maße:
- Verformung von Werkstück, Aufspannvorrichtung, Fräser und
  Maschine und deren Konsequenzen wie
- ungleiche Wanddicken bei dünnwandigen Profilen,
- instabile Schnittbedingungen durch Rattern und Schwingen
- sowie Freischneidemarken.

Die größere Spanmenge pro Zeiteinheit führt beim fünfachsigen
Fräsen leicht zu verstopften Fräsern (Bild 3-12), besonders
dann, wenn gleichzeitig in axialer und in radialer Richtung die

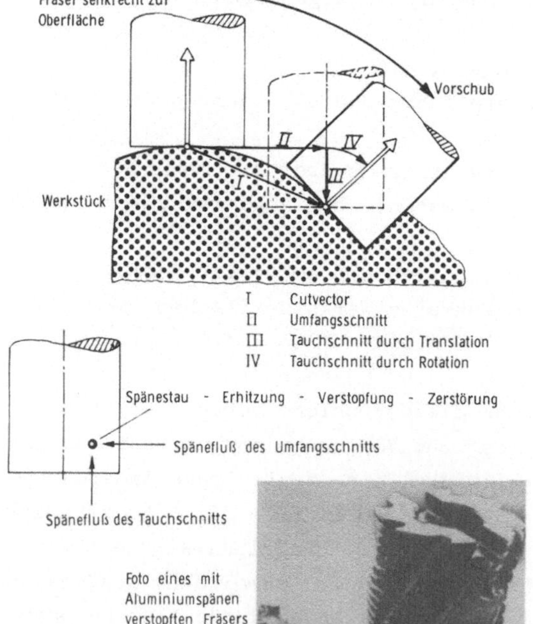

Bild 3-12:

Umfangs- und Tauch-
schnitt beim fünf-
achsigen Fräsen senk-
recht zur Ober-
fläche

Späne in die Fräsernuten hineinfließen. Dies ist z. B. der Fall,
wenn die Achse eines Umfangsstirnfräsers immer senkrecht zur
programmierten Werkstückfläche steht.

Man kann dies verhindern durch einen größeren Voreilwinkel,
einen intensiven, mit dem Fräser mitlaufenden Kühlstrahl, eine
möglichst vertikale Aufspannung des Werkstücks und Fräser mit
vergrößertem Spanraum. Bei den bis jetzt durchgeführten Fräsversuchen zeigt sich deutlich, daß jeglicher Tauchschnittanteil
vermieden werden sollte. Der Voreilwinkel muß deshalb so gewählt werden, daß der stirnseitige Außendurchmesser des Fräsers
und seine Stirnseite die programmierte Werkstückfläche tangieren (vgl. Bild 3-5, IV).

Vergleicht man die technologischen Bedingungen des allgemeinen
Falls, des fünfachsigen Fräsens, mit den anderen, einfacheren
Fräsverfahren, so können einerseits die Schnittbedingungen optimal eingehalten werden, aber andererseits muß   dafür bei
der NC-Programmierung und beim Test an der Maschine mehr Zeit
aufgewandt werden. Außerdem müssen weitere Randbedingungen,
wie z. B. die Größe der Fräszahnrillen,berücksichtigt werden,
die i. a. beim zwei- und dreiachsigen Fräsen vernachlässigbar
sind.

Unter diesem Gesichtspunkt wäre der Einsatz von Adaptive Control mit dem Vorschub als Stellgröße auch beim fünfachsigen
Fräsen vorteilhaft, besonders dann, wenn Titaniumlegierungen
zerspant werden müssen ⌐ 89 ⌐; denn für den Teileprogrammierer
ist es schwierig, sich vorzustellen, oft auch unmöglich abzuschätzen, welches Volumen der Fräser in jedem Punkt der Bearbeitung zu zerspanen hat. Gerade diese technologischen Schwierigkeiten müssen vor der Teilefertigung an der Maschine ausgetestet werden (vgl. Abschnitt 8).

3.8 Praktische Versuche

Die in Abschnitt 3 dargestellten Ergebnisse entstanden in Wechselwirkung von theoretischen Untersuchungen und praktischen Fräsversuchen, von denen einige im folgenden diskutiert werden.

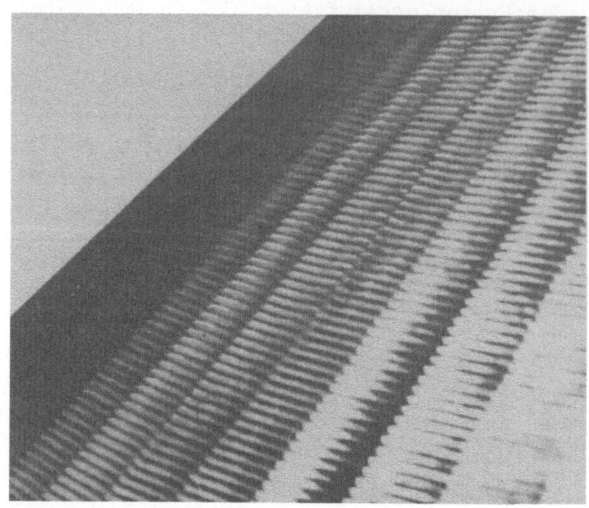

Bild 3-13:

Zahnrillen beim dreiachsigen Fräsen eines Kegels

Als repräsentativ für viele Werkstückflächen (vgl. Abschnitt 4) können Kreiskegelflächen und Kugelkalotten gelten. Sie haben mehrer versuchstechnische Vorteile, und zwar sind sie
- relativ gut zu programmieren,
- ihre Fräsrillentiefe kann ziemlich exakt berechnet werden,
- das Fräsergebnis läßt sich leicht vermessen, und
- die einzelnen Fehler des NC-Datenflusses (vgl. Abschnitt 7) können gut lokalisiert werden.

Vergleicht man dreiachsige und fünfachsige Fräsbearbeitungsfälle, so müssen viele Parameter berücksichtigt werden. Klare, einfache Aussagen sind nur möglich, wenn optimale Bearbeitungsfälle verglichen werden, optimal hinsichtlich der technologischen und geometrischen Kriterien für die Fräser-Werkstück-Zuordnung, wie sie bis hier in Abschnitt 3 aufgezeigt wurden.

Die optimalen Fälle sind stark maschinenspezifisch, deshalb sind

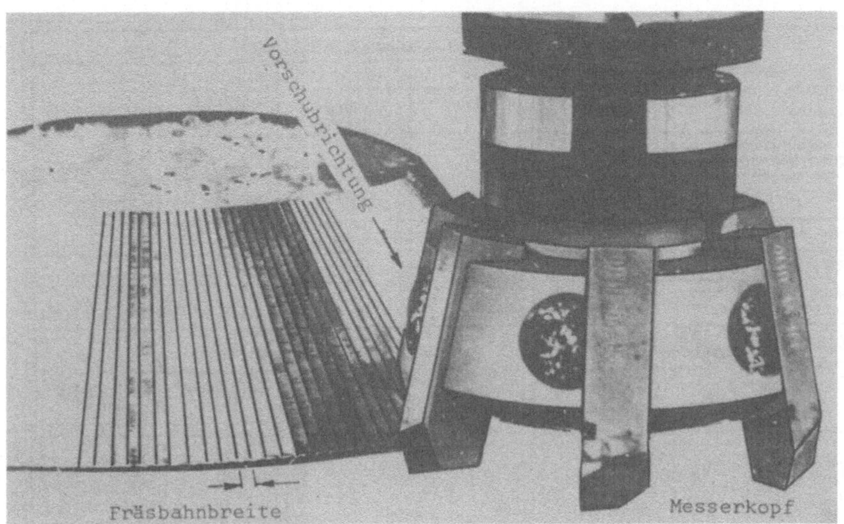

Bild 3-14: Dreiachsiges Fräsen einer Kegelfläche mit einem
Messerkopf

Werte von verschiedenen Firmen oder Versuchseinrichtungen nur
bedingt vergleichbar. Die Versuchsfräsmaschine (vgl. Abschnitt
5) ist für repräsentative Zerspanungen in Stahl nicht steif genug und bei Bearbeitung in Aluminium setzen die Spindeldrehzah-
len und maximalen Achsgeschwindigkeiten die Grenzen.

Aufgrund des Kriteriums der Krümmungsdifferenz (vgl. Abschnitt
3.4) müssen dreiachsig zu fräsende Kegel mit dem Messerkopf entlang den Mantellinien gefräst werden (Bild 3-13). Das Verhältnis von Spindeldrehzahl und Vorschub setzte durch die entste-
henden Zahnrillen eine Grenze. Von der Zerspanung her ist ein
Ziehschnitt besser, wegen der Schnittiefe jedoch fährt der Messerkopf im Tauchschnitt (Bild 3-14).

Bild 3-15, I bis III stellt Fräsergebnisse tabellarisch einan-
der gegenüber. Zum Vergleich wurden in Spalte IV Werte aus der
Literatur angeführt $\lfloor$ 28 $\rfloor$, die nach neuesten Angaben aus der
Industrie $\lfloor$ 80, 87 $\rfloor$ auf heute übliche Vorschubwerte umgerechnet wurden (Spalte V).

	dreiachsiges NC-Fräsen				
	Fall I	Fall II	Fall III	Fall IV	Fall V
Fräser	Umfangs-stirnfräser	Messerkopf	Kugelkopf-fräser	Kugelkopf-fräser	Schaftfräser
Vorschubgeschwindigkeit der Fräserspitze (mm/min)	2000	2 000	160	150 ... 250	1 000
Werkstückfläche	Kreiskegel	Kreiskegel	konvexe Kalotte	Karosserie-werkzeug	Karosserie-werkzeug
Werkstoff	Al. -Legierg	Al-Legierg	Al-Legierg		
Rillentiefe r_t (mm)	0,1	0,1	0,15	0,2 ... 0,5	0,2 ... 0,5
bearb. Fläche (dm^2/min) bei 10 mm Zustellung	0,34	0,84	0,08	0,013 ... 0,028	0,06 ... 0,14
Grenze waren	Fräszahnrillen		Zerspanung in Fräsermitte		
Bemerkungen	Ziehschnitt	Tauchschnitt		nach Hilbert (1966)	Fall IV mit größerem Vorschub

Bild 3-15: Vergleichstabelle zu Fräsversuchen und Literaturangaben beim dreiachsigen Fräsen

Bild 3-16 zeigt optisch den Vergleich einer mit vier horizontalen Fräsbahnen fünfachsig gefrästen Kegelfläche und einer Fläche, die dreiachsig entlang den Mantellinien gefräst wurde. Diese maschinenabhängigen Werte bestätigen die vorausgegangen theoretischen Ausführungen.

Beim fünfachsigen Fräsen ist es programmtechnisch am einfachsten, den Fräser senkrecht zur Oberfläche (NORMPS) zu führen

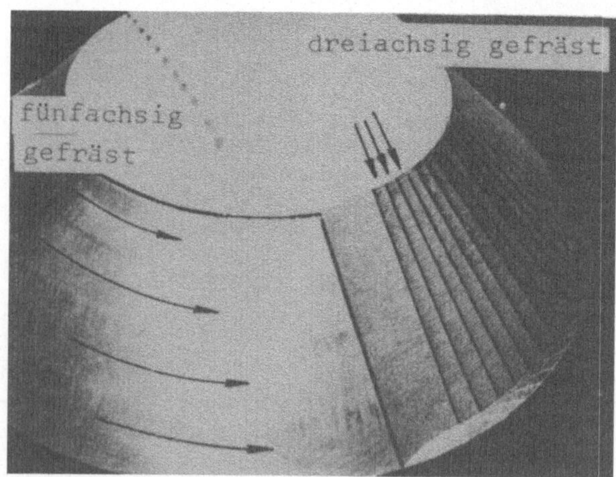

Bild 3-16:

Foto von Kegelflächen. Die grobrillige Oberfläche wurde dreiachsig, die glatte fünfachsig gefräst

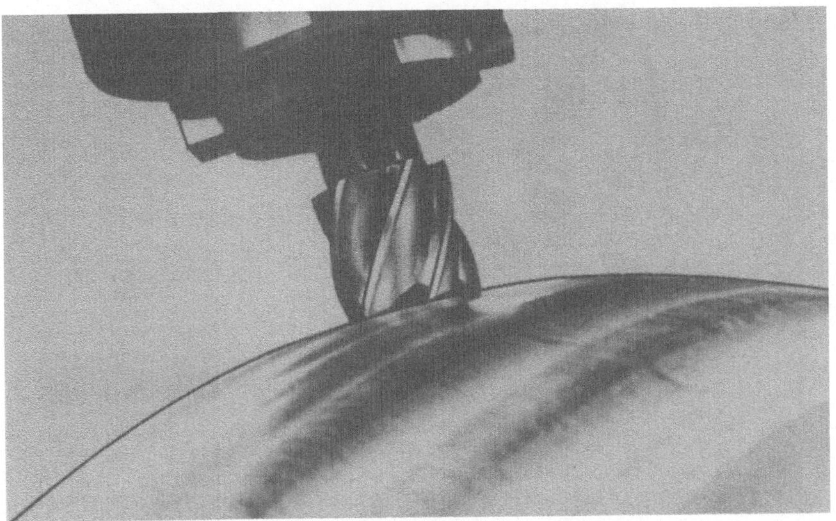

<u>Bild 3-17</u>: Umfangsstirnfräser senkrecht zur Kugeloberfläche
fünfachsig fräsend (Schlichtschnitt)

(Bild 3-17). Der Zweischneider oder Langlochfräser ergibt wohl
ein Polygonprofil, kann aber nur mit langsamem Vorschub arbeiten (Bild 3-18, III). In den anderen Fällen sollte es theoretisch keine Rillentiefe geben, praktisch aber brachten Umkehr-

	fünfachsiges Fräsen, Fräserachse senkrecht zur Oberfläche (NORMPS)				
	Fall I	Fall II	Fall III	Fall IV	Fall V
Fräser	Umfangs-stirnfräser	Umfangs-stirnfräser	Langloch-fräser	Messerkopf	Messerkopf
Vorschubgeschwindigkeit der Fräserspitze (mm/min)	480	600	250	600	600
Werkstückfläche	konvexe Kalotte	konvexe Kalotte	konvexe Kalotte	konvexe Kalotte	konkave Kalotte
Werkstoff	Al-Legierg	Al-Legierg	Al-Legierg	Al-Legierg	Al-Legierg
Rillentiefe r_t (mm)	0,07	0,07	0,6	0,04	0,04
bearb. Fläche (dm^2/min) bei 10 mm Zustellung	0,63	0,92	0,3	3,19	3,19
Grenze waren	Schnittkräfte	Maximal pro-grammierbarer Vorschub	Ratter-schwingungen	Maximal programmierbarer Vorschub	
Bemerkungen	Schruppschnitt	Schlichtschnitt			

<u>Bild 3-18</u>: Vergleichstabelle zu fünfachsigen Fräsversuchen,
Fräser senkrecht zur Werkstückoberfläche (NORMPS)

Bild 3-19: Foto eines Messerkopfes, der eine Kugeloberfläche
mit Voreilwinkel bearbeitet

spannen rillenartige Fehler. Beim Umfangsstirnfräser erzeugte
der Tauchschnitt nicht abschätzbare Gefahren (vgl. Bild 3-12),
die der Messerkopf vermeidet. Die Verarbeitungsgeschwindigkeit
in der CNC setzte in der Form der "maximal programmierbaren
Vorschubgeschwindigkeit" eine Grenze für die relativ niedrige
Vorschubgeschwindigkeit der Fräserspitze. Ohne diese Begrenzung
und bei Umfangsschnitt hätte etwa mit der dreifachen Vorschubgeschwindigkeit gearbeitet werden können.

	fünfachsiges Fräsen mit Voreilwinkel, d_a tangierend				
	Fall I	Fall II	Fall III	Fall IV	Fall V
Fräser	Messerkopf	Umfangs-stirnfräser	Umfangs-stirnfräser	Messerkopf	Messerkopf
Vorschubgeschwindigkeit der Fräserspitze (mm/min)	540	540	600	600	
Werkstückfläche	Kreiskegel	Kreiskegel	konvexe Kalotte	konvexe Kalotte	konvexe Kalotte
Werkstoff	Al-Legierg	Al-Legierg	Al-Legierg	Al-Legierg	Stahl (C 45)
Rillentiefe r_t (mm)	0,1	0,1	0,16	0,16	0,1
bearb. Fläche (dm^2/min) bei 10 mm Zustellung	3,15	2,1	0,93	0,68	
Grenze waren	Maximaler Vorschub des Dreh-tisches	Maximaler Vorschub des Dreh-tisches	Maximal programmierbarer Vorschub		Schnittkräfte

Bild 3-20: Vergleichstabelle zu fünfachsigen Fräsversuchen,
mit Voreilwinkel, Fräseraußendurchmesser und Stirnseite tangierend

Diese maximal programmierbare Vorschubgeschwindigkeit bedeutet,
daß im NC-Programm der Zahlenwert für die Vorschubeingabe eine
bestimmte Größe nicht überschreiten darf. Sie hängt vor allem von
den rotatorischen Weginkrementen ab.

Beim fünfachsigen Fräsen mit Voreilwinkel (Bild 3-19) sind von
der Oberfläche und den technologischen Bedingungen her günstige
Voraussetzungen gegeben. Wie bereits erläutert, muß der Voreilwinkel so groß sein, daß kein Tauchschnitt entsteht, d. h. der
Fräser muß die gefräste Werkstückfläche gleichzeitig am Außendurchmesser d_a und an der Stirnseite tangieren (vgl. Bild 3-5,
IV, $e_B = r_A$). Die Größe des Voreilwinkels hängt vom programmierten Bahnkrümmungsradius ρ und dem Fräserdurchmesser d_a ab. Versuchsergebnisse sind in Bild 3-20 dargestellt. Auch hier setzen
wieder die maximal programmierbaren Vorschubgeschwindigkeiten
oder die maximale Geschwindigkeit des Drehtisches, nicht die
Schnittbedingungen, eine Grenze.

Als praktischer Fall wurde ein Profilbogen aus Aluminium bearbeitet. Im geschruppten Zustand (Bild 3-21) ist das polygonför-

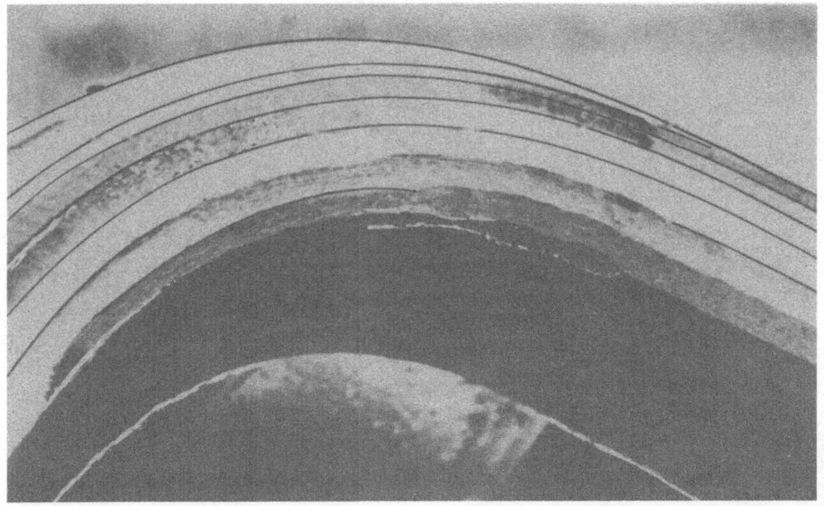

Bild 3-21: Profilbogen mit sich veränderndem parabelförmigem
           Querschnitt, polygonförmiges Oberflächenprofil der
           Schruppbearbeitung

mige Oberflächenprofil zu erkennen. Die Bearbeitung war in diesem Test nicht optimal, da unter anderem aus programmtechnischen Gründen die Oberfläche nicht in einzelne konvexe und konkave Zonen aufgeteilt wurde, die dann einzeln, z. B. nicht längs, sondern, entsprechend dem Kriterium der Krümmungsdifferenz, quer zum Parabelprofil hätten bearbeitet werden müssen.

Ein weiterer praktischer Fall war die Herstellung einer Vorrichtung mit paraboloidförmiger Oberfläche (Bild 3-22). Sie wurde in flachen Spiralen mit einem Umfangsstirnfräser optimal bearbeitet. Die Oberfläche wurde glatt; sie hatte eine maximale Rillentiefe von 0,06 mm, wobei 1,2 dm^2/min bei 10 mm Zustelltiefe zerspant wurden. Die Grenze für die Vorschubgeschwindigkeit war die maximal programmierbare Drehtischgeschwindigkeit.

Bild 3-22:

Rotationsparaboloid, in flachen Spiralen mit Voreilwinkel stirngefräst (zwischen den steileren spiraligen Ziehnuten)

Zusammenfassend ergaben die Versuche, daß das fünfachsige Fräsen vier- bis fünfmal schneller ist als das dreiachsige Fräsen. Diese Werte werden jedoch sehr stark davon beeinflußt, wie die Werkstoffe und Fräser mit den maximalen Geschwindigkeiten der Steuerung, den einzelnen Maschinenachsen und der Spindeldrehzahl abgestimmt sind (vgl. Abschnitt 5).

4 Werkstückspektrum für das fünfachsige Fräsen

Die vorangegangenen Abschnitte erläuterten die geometrischen
und technologischen Möglichkeiten des fünfachsigen Fräsens. Damit können die Werkstücke bestimmt werden, auf die vorteilhaft
dieses Fräsverfahren angewandt werden kann. Das "Werkstückspektrum" wurde zum Teil dem Schrifttum, besonders aber den Informationen der Industrie entnommen, wobei solche Werkstücke hervor-
gehoben werden, die repräsentativ für eine ganze Werkstückfamilie sind.

Die möglichen Anwendungsfälle nehmen laufend zu, nicht nur für
solche Werkstücke, die zur Zeit noch auf andere Weise gefertigt
werden, sondern auch für speziell auf das fünfachsige Fräsen
abgestimmte Konstruktionen; z. B. eine paraboloidförmige Biege-
vorrichtung (Bild 4-1) mit ihren spiralförmigen Nuten gleichbleibenden Querschnitts konnte nur fünfachsig gefräst werden
 _C_ 81 _J_.

In _C_ 5 _J_ wird gezeigt, daß der Einsatz von Fünfachsen-Fräsmaschinen (nicht des fünfachsigen Fräsens!) eine ganz andere Bau-

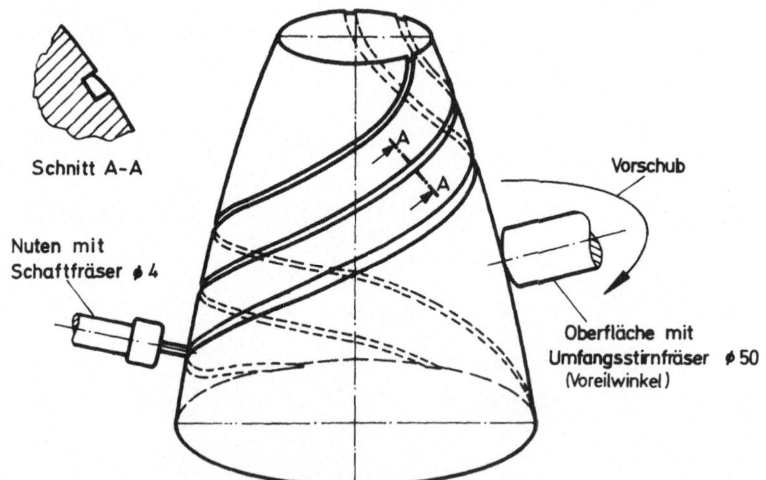

Bild 4-1: Paraboloidförmige Vorrichtung mit spiralförmigen
 Nuten gleichbleibenden Querschnitts

gruppengestaltung erlaubt, weil die Bearbeitung in <u>einer</u> Aufspannung den wesentlichen Vorteil darstellt.

4.1 Gliederung des Werkstückspektrums

Hauptsächlich die geometrische Gestalt eines Werkstücks gibt
den Anstoß zum fünfachsigen Fräsen. Deshalb soll die Geometrie
auch der Gesichtspunkt sein, unter dem das Werkstückspektrum
gesammelt und geordnet wird. Dieses Spektrum enthält alle die
Werkstücke, bei denen die spezifischen Vorteile des fünfachsigen Fräsens zum Tragen kommen. Dies ist bei all den Bearbei-
tungsstellen am Werkstück der Fall, die nicht durch 2D-Fräsbe-
arbeitung zu fertigen sind, oder allgemeiner definiert:

Alle zu fräsenden Werkstückflächen, deren Flächennormalen bei
vorgegebener konstanter Fräserachsrichtung nicht senkrecht zur
Fräsermantellinie und nicht parllel zu einer konstanten Fräserachsrichtung stehen, sind für fünfachsiges Fräsen geeignet.

Im folgenden wird ein Werkstückspektrum für den Einsatz des
fünfachsigen Fräsens betrachtet, das im Laufe der Untersuchungen

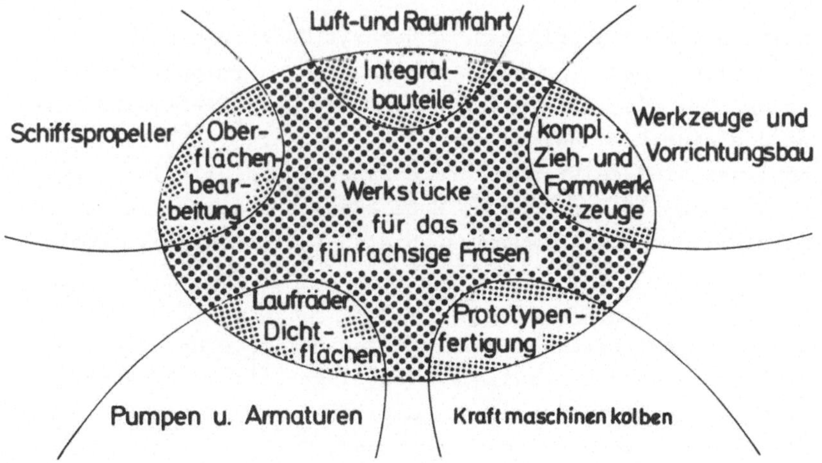

<u>Bild 4-2</u>: Werkstücke für das fünfachsige Fräsen, Beispiele für
die Gliederung nach Anwendungsbereichen

ermittelt werden konnte. Es ist vielseitiger als das im Stand
der Technik (Abschnitt 1.1) dargestellte, doch ist es nur als
Beispiel für die Vielfalt der Möglichkeiten und Probleme des
fünfachsigen Fräsens zu sehen.

Die Menge aller in Betracht zu ziehenden Werkstücke kann nach
folgenden Gesichtspunkten geordnet werden:
- Anwendungsbereich in der Industrie,
- alternative Fertigungsverfahren, z. B. dreiachsiges Fräsen,
  manuelle Bearbeitung und elektrochemische Verfahren,
- NC-Programmierung, z. B. welche geometrischen Beschreibungs-
  möglichkeiten notwendig sind,
- Maschinenauswahl und Maschinenarbeitsbereich,
- Form- und Lagetoleranzen der Werkstücke und
- Werkstoff der Werkstücke.

Bild 4-2 soll eine Gliederung nach dem ersten Gesichtspunkt ver-
anschaulichen, der auch den folgenden Abschnitten zugrundegelegt
wurde.

4.2 Werkstücke aus Luft- und Raumfahrt

Die Luft- und Raumfahrtindustrie hat mit den sogenannten Inte-
gralbauteilen - das sind meist dünnwandige, verrippte Spanten
und Beschläge, die aus dem Vollen gefräst werden - kleine Los-
größen und eine Vielzahl verschiedener Werkstücke zu fertigen.
Die Rohlinge sind meist gut zerspanbare Aluminiumlegierungen
in Plattenform, in zunehmendem Maße aber auch schwer zerspanbare Titaniumlegierungen, wobei 90 bis 95 % des Rohteilvolumens
zerspant werden.

Besonders komplizierte Teile liegen aus dem Triebwerksbau vor.
Die Werkstücke werden, wenn NC-gefräst, meist mit APT program-
miert, ihre Geometrie ist also analytisch einfach beschreibbar.
Vor allem die schiefen Rippen und Stege, für deren Fertigbear-
beitung das fünfachsige Fräsen in Frage kommt, liegen nicht als
Zeichnungsmaße, sondern als Rechnerdatei vor. Kleine Fräserachs-

winkeländerungen ($\pm$ 20°) und Toleranzen im Bereich von 0,1 mm
sind die Regel. Nach $\mathcal{L}$ 89 $\mathcal{J}$ sind 3 % der Flächen und nach $\mathcal{L}$ 81 $\mathcal{J}$
17 % der Werkstücke im Flugzeugbau für das fünfachsige Fräsen
geeignet.

4.3 Werkstücke aus Werkzeug-, Formen- und Vorrichtungsbau

Der Werkzeug-, Formen- und Vorrichtungsbau ist ein Teil vieler
Industriebereiche, z. B. von Karosseriebau, Flugzeugbau, Gieße-
reitechnik und Kunststoffverarbeitung. Dazu gehören auch die
Herstellung von Urmodellen, Modellen für das Nachformfräsen
und Versuchsmodellen für den Windkanal. Diese Werkstücke sind
meist Einzelstücke. Der größte Teil davon ist analytisch nicht
einfach beschreibbar, d. h. kann nicht durch Flächen bis 2. Ordnung mit Hilfe von APT beschrieben werden.

Die Daten liegen oft nur in analoger Form vor, z. B. als Urmo-
dell oder als charakteristische Linien, die manuell gestrakt
wurden $\mathcal{L}$ 76, 77, 90 $\mathcal{J}$. Der Einsatz des fünfachsigen NC-Fräsens
ist vor allem ein Problem der NC-Programmierung. Kennzeichnend
sind die kleinen Formtoleranzen. Manuelle Nacharbeit ist uner-
läßlich. Diese aber auf ein Minimum zu reduzieren erfordert genaue, dicht nebeneinanderliegende Bahnen mit geringer Rillentiefe, so daß manuell wenig Werkstoff abgetragen werden muß
und für die Formgenauigkeit genügend Stützstellen beim Glätten

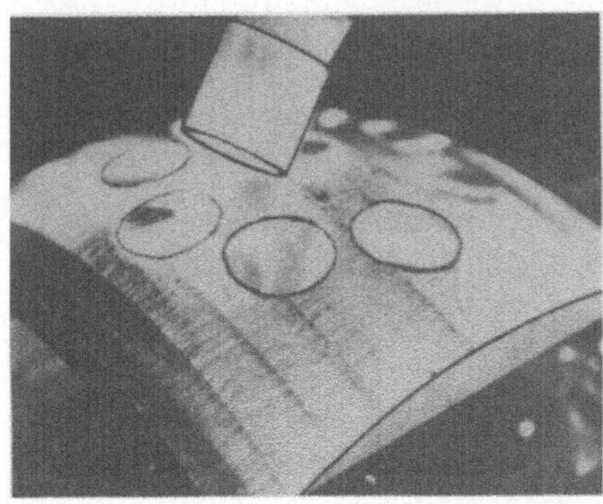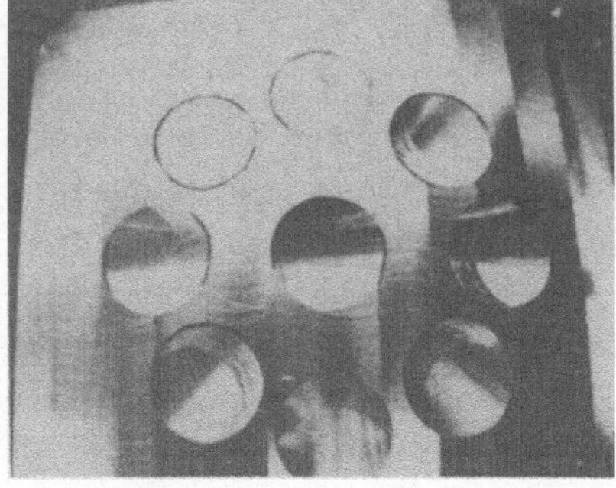

<u>Bild 4-3:</u> Testmodell für einen Linsenträger mit fünfachsig ge-
frästen konvexen und konkaven Kugelflächen

("Verziehen") vorhanden sind.

Zu den analytisch einfach beschreibbaren Werkstückflächen dieser Gruppe gehört z. B. das Spritzgußwerkzeug für die Rückwand
eines Farbfernsehers und sogenannte "Linsenträger" (Bild 4-3),
Haltevorrichtungen für die Linsenfertigung, die fast nur aus
konvexen und konkaven Kugelflächen bestehen und bezüglich Werk-
stückgestalt, Vielfalt, Losgröße und Gesamtstückzahl eine ideale Werkstückfamilie für das fünfachsige NC-Fräsen darstellen.

4.4 Sonderbereiche

Aus dem Armaturenbau sind Dichtflächen an großen Schiebern bekannt, die vorteilhaft fünfachsig zu bearbeiten wären $\int 75 \, \rfloor$.

Die Kolben von Verbrennungsmotoren müssen von der zylindrischen
Form erheblich abweichen. Diese Flächen und die Bearbeitung der
zugehörigen Stahlkerne für die Innenform wären bei der Prototy-
penfertigung ein Fall für das fünfachsige Fräsen $\int 86 \, \rfloor$.

Die Blattoberfläche von Schiffspropellern aus Mehrstoff-Alumi-
niumbronze wird z. Z. in Deutschland noch manuell durch Schleifen bearbeitet $\int 41, 91 \, \rfloor$. Die Anwendung von Fünfachsen-Maschinen wird vordringlich, wenn zunehmend hochlegierte Stähle zum
Einsatz kommen, die nur schwer mit Handwerkzeugen zerspanbar
sind. Diese Werkstückfamilie ist eng begrenzt und würde in der
zitierten Firma zwei Fünfachsen-Fräsmaschinen erfordern.

Schon die direkte Wiederverwendung des zerspanten Werkstoffs,
der beim Schleifen erst aufbereitet werden muß, brächte eine
erhebliche Kosteneinsparung. Die konstruktiven Forderungen an
die Fünfachsen-Maschinen und die Zuverlässigkeit der ganzen
Anlage sind erheblich; z. B. müßte zweispindlig eine ungerad-
zahlige Propellerteilung gefräst werden können. Dabei sind
dünnwandige Blätter mit großer Überdeckung kollisionsfrei mit
Messerköpfen zu bearbeiten.

Zusammenfassend kann gesagt werden, daß das fünfachsige Fräsen für mehr Anwendungsbereiche geeignet ist, als der Stand der Technik heute zeigt. Die Werkstücke werden meist einzeln, seltener in Kleinserien gefertigt. Die Gestalt der Werkstücke ist kompliziert, d. h. sie lassen sich nicht auf ebene Probleme zurückführen; deshalb ist ihre Geometrie und Technologie auch in der NC-Programmierung und Fertigung schwierig.

Das Beispiel mit dem Schiffspropeller zeigt zudem, daß vor allem das Werkstückspektrum bestimmt, wie eine Fünfachsen-Maschine konstruiert sein muß und wie ihre Achsen anzuordnen sind; dieser Trend ist auch bei anderen Werkzeugmaschinenbeschaffungen zu erkennen.

5 Die Fünfachsen-Fräsmaschine

In Anlehnung an die Definition des fünfachsigen Fräsens (vgl.
Abschnitt 2.1) ist hier eine Fünfachsen-Fräsmaschine so definiert, daß sie relativ zum Werkstück kontinuierlich und simultan die Lage der Fräserspitze und die Richtung der Fräserachse
gesteuert verändern kann. Dabei ist es gleichgültig, welche Bewegungskomponenten ("Achsen") zusammen _diese_ Bedingung erfüllen.

Im Sprachgebrauch wird dies oft gleichgesetzt mit einer in fünf
Achsen bahngesteuerten Maschine, wie sie zum Beispiel bei einer
zweispindligen Propellerfräsmaschine mit Drehtisch vorliegt
$\angle$ 35 $\angle$, die in Wirklichkeit nur dreiachsig fräst, da sich die
Fräserachsrichtung relativ zum Werkstück nicht ändert.

Für die Richtungsänderung der Fräserachse an einer Maschine
sind mindestens zwei rotatorische Bewegungskomponenten notwendig. Für die Lageänderungen der Fräserspitze können analog zu
krummlinigen Koordinaten $\angle$ 32 $\angle$ nicht nur translatorische, sondern auch rotatorische Bewegungskomponenten herangezogen werden, d. h. es ist eine Fünfachsen-Fräsmaschine mit fünf nur rotatorischen Komponenten möglich. Eine Fünfachsen-Fräsmaschine
kann somit zwei, drei, vier oder fünf rotatorische Komponenten
für eine Frässpindel haben.

Viele bekannte Fünfachsen-Maschinen besitzen analog zur Definition zwei rotatorische und drei translatorische Komponenten.
Weitere Kombinationsmöglichkeiten ergeben sich aus der Zuordnung der einzelnen Achsen. Ausführlichere Darlegungen dazu finden sich in $\angle$ 23, 52, 72, 73 $\angle$.

Der Anwender bzw. der Betreiber muß für seine Fertigungsprobleme, für sein Werkstückspektrum die wirtschaftlich optimale
Fünfachsen-Maschine auswählen. Für dieses Optimum müssen alle
Einflußgrößen geprüft werden, die von der Fertigungszeichnung
durch den ganzen NC-Datenfluß bis zum fertigen Werkstück rei-
chen. Die Wichtigkeit der einzelnen Einflußgrößen läßt sich
durch Simulationsmodelle und vor allem durch Fräsversuche re-

präsentativer Werkstücke aus dem voraussichtlichen Teilespektrum ermitteln. Solche Versuche wurden an der folgenden Maschien durchgeführt.

5.1 Die Fräsmaschine für die experimentellen Untersuchungen

Diese Maschine wird im folgenden kurz Versuchsfräsmaschine genannt (Bild 5-1). Sie war durch Umbau einer dreiachsigen Nachformfräsmaschine enstanden $\mathcal{L}$ 6 $\mathcal{J}$. Eine CNC (Bild 5-2) steuert simultan den Maschinentisch als X-, den Support als Y-, den Ausleger als Z-, den Drehtisch als C- und den Schwenkkopf als B-Achse, wobei werkstücktragende Achsen im Gegensatz zu werkzeugtragenden nach $\mathcal{L}$ 58 $\mathcal{J}$ mit Beistrich gekennzeichnet sind (Bild 5-3).

Bild 5-1:
Fünfachsen-Versuchsfräsmaschine

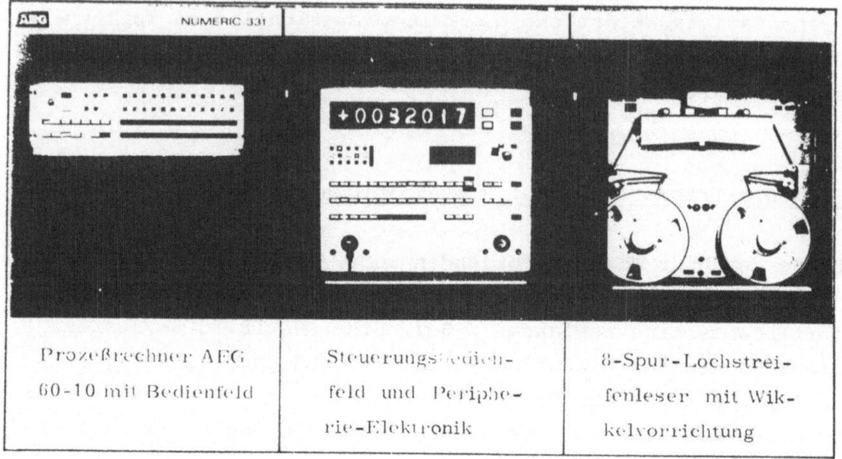

| Prozeßrechner AEG 60-10 mit Bedienfeld | Steuerungsbedienfeld und Peripherie-Elektronik | 8-Spur-Lochstreifenleser mit Wikkelvorrichtung |

Bild 5-2: Numerische Steuerung (CNC) für die Maschine in Bild 5-1

Der Antrieb der Achsen erfolgt über elektrohydraulische Servoantriebe. Das Hydraulikaggregat braucht 2 x 37 kW Anschlußleistung, ist auf einen Betriebsdruck von 135 bar eingestellt und temperiert das Öl mit Heizdrosseln und Wasserkühlung. Die Ar-

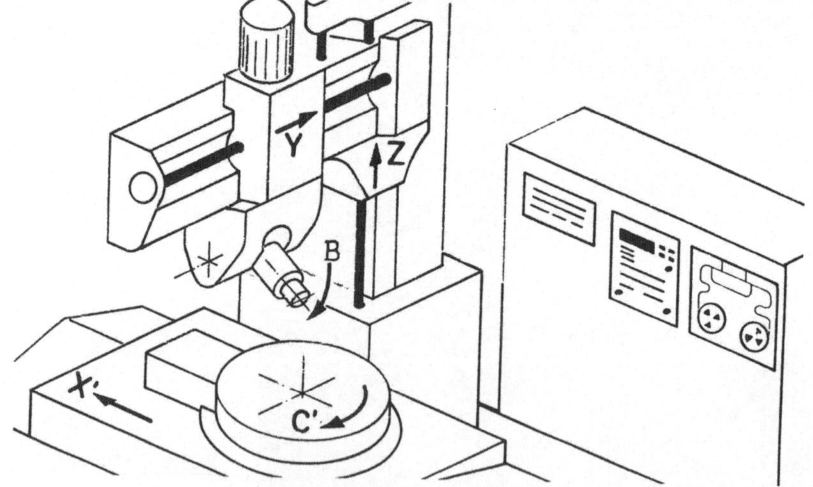

Bild 5-3: Achsbezeichnungen an der Fünfachsen-Versuchsfräsmaschine (Skizze)

beitsspindel hat zwei Drehzahlbereiche für (63 ... 3150) min^{-1}
bei einer Anschlußleistung von 15 kW. Die Z-Achse (Ausleger)
wird durch einen hydraulischen Gewichtsausgleich unterstützt.
Die translatorischen Achsen X, Y und Z besitzen ein indirektes
Meßsystem mit Winkelcodierern bei einer Meßsystemauflösung von
2,5 µm. Die rotatorischen Achsen B und C sind mit Rundinducto-
synmaßstäben ausgerüstet und haben eine Auflösung von 10^{-6} Umdrehungen ($\hat{=}$ 1,3 Winkelsekunden). Detailliertere technische Daten sind in $\lfloor$ 6, 52 $\rfloor$ zu finden.

Diese Maschine ist für ein breites Werkstückspektrum geeignet,
da der Drehtisch $>360^{\circ}$ und der Schwenkkopf $\pm 95^{\circ}$ schwenken können. Der Schwenkkopfradius, dessen Länge durch verstellbare
Fräseraufnahmen variabel ist, erlaubt auch sperrige Werkstücke
kollisionsfrei zu bearbeiten. Jedoch sind lange Schwenkkopfradien ($r_{WZ} > 350$ mm) nur bei kleinen Schnittkräften möglich.

5.2 Arbeitsraum und Vorschub

Der Arbeitsraum beim fünfachsigen Fräsen wird hier als Vektor-
raum der Fräserachsrichtung und als der ihm zugeordnete Arbeitsraum der Fräserspitze gesehen (Bild 5-4). Bei der Versuchsfräsmaschine bestimmt der Schwenkkopfradius r_{WZ} wesentlich den Arbeitsraum. Da jede rotatorische Bewegung i. a. eine Ausgleichsbewegung für die Koordinatenverschiebung braucht, ist der fünfachsig voll nutzbare Arbeitsraum kleiner als der Verfahrbereich
der translatorischen Achsen.

Der Arbeitsraum des Fräsers für uneingeschränktes fünfachsiges
Fräsen stellt einen Zylinder dar. Dieser Arbeitsraum ist umge-
ben von einem zweiten, bei dem die möglichen Fräserachsrich-
tungen stark eingeschränkt sind. Der Arbeitsbereich der Z-Achse
ist für viele Werkstücke zu klein. Aussagen in dieser Arbeit,
die auch abhängig sind vom konstruktiven Aufbau einer Fünfachsen-Maschine, beziehen sich immer auf diese Bauform. In dieser
Richtung auf Allgemeingültigkeit zu achten, würde bei der Vielzahl der Einflußgrößen den Rahmen dieser Arbeit sprengen.

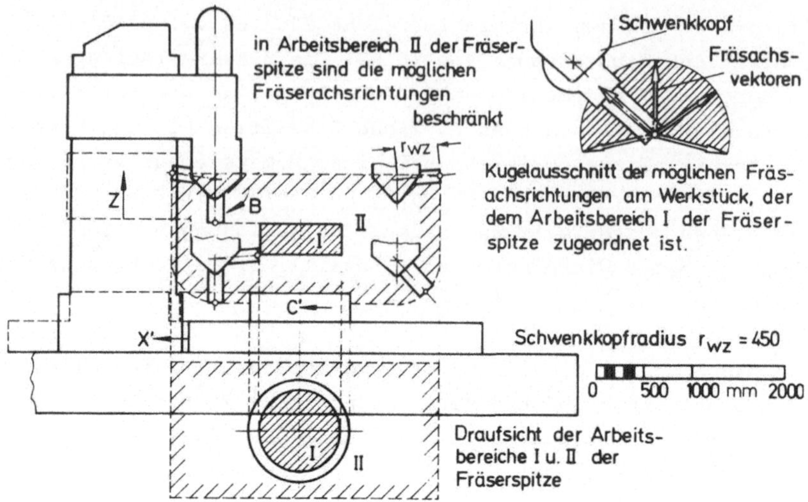

Bild 5-4: Maßstäbliche Skizze zum unbeschränkten (I) und beschränkten (II) Arbeitsbereich der Fräserspitze mit zugehörigem Achsvektorbereich

Der Teileprogrammierer ermittelt die Vorschubgeschwindigkeit aufgrund technologischer und der Maschinenbediener modifiziert sie am "override"-Schalter aufgrund aktueller Bedingungen. Als weitere Grenzen für die Vorschubgeschwindigkeit erwiesen sich bei den Versuchen

- die Verarbeitungsgeschwindigkeit t_v der Steuerung (vgl. Abschnitt 8.5),
- die Dynamik der Lageregelkreise in jeder Achse,
- der Druckabfall am Gewichtsausgleich und vor allem
- die maximale Geschwindigkeit der rotatorischen Achsen ($1,4$ $\min^{-1}$).

Diese Vorschubbegrenzungen verlängern die Fertigungszeiten und erhöhen damit die Fertigungskosten.

5.3 Die sechste Achse

Die Fräsversuche an der beschriebenen Maschine haben gezeigt, daß praktisch eine zusätzliche sechste Achse vorteilhaft wäre, welche z. B. in Form einer Pinole kontinuierlich und gesteuert den Schwenkkopfradius verändern kann. Dem Nachteil des höheren Aufwands stünden folgende Vorteile gegenüber:

- Exakte axiale Bewegungen des Werkzeugs, wie sie z. B. beim Reiben schief im Raum liegender Bohrungen nötig sind, können durch die numerisch gesteuerte Simultanbewegung von zwei Maschinenachsen, z. B. der X- und Z-Achse selten genau genug erreicht werden. Eine gesteuerte Pinole wäre dabei die ideale Lösung.

- Beim Testen oder bei Fräserbruch muß die Bearbeitung oft an Stellen abgebrochen werden, bei denen durch manuelles Steuern einer Achse der Fräser nicht kollisionsfrei zurückgezogen werden kann. Eine Pinole ist dafür eine Lösung, eine weitere wäre die Werkstückkoordinateneingabe an der Steuerung (vgl. Abs. 8).

- Kollisionsprobleme bei sperrigen Werkstücken erkennt der Teileprogrammierer oft erst während der Testbearbeitung. Sie können manchmal durch längeren Schwenkkopfradius umgangen werden. Andererseits erlauben lange Schwenkkopfradien wegen der geringen Steifigkeit nur kleine Schnittkräfte und damit kleine Vorschubgeschwindigkeiten. Das Optimum zwischen Kollisionsfreiheit und Steifigkeit kann nur ein Schwenkkopfradius mit variabler Länge einhalten. Er kann damit die Wirtschaftlichkeit des fünfachsigen Fräsens wesentlich beeinflussen.

5.4 Fünfachsiges Nachformfräsen

Eine Fünfachsen-Fräsmaschine ist nicht zwangsläufig auch eine numerisch gesteuerte Maschine, wie aus Abschnitt 1.1 zu ersehen ist. Besonders im Großwerkzeugbau liegen die Daten meist nur analog in Form von Modellen vor, so daß beim dreiachsigen Fräsen das Nachformen heute noch überwiegt.

Ein Taster für das Nachformfräsen, der alle fünf Komponenten
der Fräser-Werkstück-Zuordnung erfaßt, ist in $\mathcal{L}$ 31 $\mathcal{J}$ erwähnt.
Bekannt ist weiter ein Verfahren, das mit drei Fühlern abtas-
tet: der erste Fühler für die drei translatorischen Achsen, die
beiden andern für jeweils eine rotatorische Achse $\mathcal{L}$ 69 $\mathcal{J}$. Damit sind drei Modelle notwendig, die keine geometrische Ähn-
lichkeit mit dem Werkstück mehr haben. Um solche Modelle zu berechnen, werden DVA benutzt.

Wie das in Abschnitt 4 beschriebene Werkstückspektrum zeigte,
kommen für das fünfachsige Fräsen fast nur geometrisch komplizierte Werkstücke kleiner Stückzahlen und Werkstückfamilien vor.
Dafür ist mehr die numerische Steuerung und die NC-Programmierung geeignet. Zudem erfordert der Trend zur Automatisierung
des technischen Informationsflusses $\mathcal{L}$ 70 $\mathcal{J}$ die numerische Steuerung.

Man kann somit das fünfachsige Nachformfräsen eher als Sonderfall behandeln und das fünfachsige NC-Fräsen als Regelfall und
damit auch den NC-Datenfluß ab Abschnitt 7 als notwendig betrachten.

6 Kosten des fünfachsigen Fräsens

Das fünfachsige Fräsen ist selten die einzige Möglichkeit, komplizierte Werkstückflächen spanend zu erzeugen. Deshalb wird es alternativ einsetzbaren Fertigungsverfahren nur dann vorgezogen, wenn es wirtschaftlicher ist. Da die Wirtschaftlichkeitsrechnung von vielen Parametern abhängt, kann sie nicht zu dem Ergebnis kommen, daß fünfachsiges Fräsen generell wirtschaftlicher sei als dreiachsiges Fräsen, sondern sie kann nur Aussagen bei konkreten Fällen treffen.

Als Parameter gehen dabei alle Kostenfaktoren ein. Aber nur wenige beeinflussen die Gesamtkostendifferenz wesentlich, vor allem dann, wenn wie im folgenden das fünfachsige NC-Fräsen mit dem dreiachsigen NC-Fräsen und der manuellen Bearbeitung verglichen werden.

Die Kostenfaktoren sollen in der Reihenfolge entsprechend dem NC-Datenfluß betrachtet werden.

Arbeitsvorbereitung und <u>NC-Programmierung</u> sind beim fünfachsigen Fräsen langwierig und stellen hohe Ansprüche an den Arbeitsvorbereiter
- wegen der komplizierten Bewegungen und Schnittaufteilung,
- und weil APT aufgrund des geringen Einsatzes in allgemeinen Rechenzentren wenig ausgetestet und wenig komfortabel ist hinsichtlich der fünfachsigen Möglichkeiten.

Setzt man für den Vergleich mit dem dreiachsigen NC-Fräsen gleiche Programmiererfahrungen voraus, so lassen folgende Untersuchungsergebnisse darauf schließen, daß die Programmierkosten beim fünfachsigen NC-Fräsen nicht wesentlich von denen beim dreiachsigen NC-Fräsen abweichen.

Für Versuchszwecke wurden mit gleichem Wissensstand mehrere Flächen zweiter Ordnung für die dreiachsige und fünfachsige Abarbeitung nach verschiedenen Gesichtspunkten mit APT programmiert [74]. Die vier Teileprogramme für fünfachsiges Fräsen

waren alle erfolgreich, d. h. ein CLDATA konnte erzeugt werden.
Dagegen führten nur fünf von neun Teileprogrammen für das dreiachsige Fräsen zu einem fehlerfreien CLDATA; zudem war dabei
der Programmier- und Rechenzeitaufwand höher als bei den vergleichbaren Teileprogrammen für das fünfachsige Fräsen.

Vorrichtungen beim fünfachsigen Fräsen können infolge Kolli-
sionsproblemen komplizierter, ihre Anzahl jedoch geringer sein,
als beim dreiachsigen Fräsen, da eine veränderliche Fräserachsrichtung manche Kipp- und Drehvorrichtung erübrigt. Ein klarer
Trend bezüglich der Kosten ist aber aufgrund von bekannten Beispielen nicht zu erkennen.

Beim Vergleich mit dem Nachformfräsen müssen die Kosten für Modelle mit denen für die NC-Programmierung verglichen werden.
Ein weiterer Vorteil des NC-Fräsens ist die kürzere Entwicklungszeit (leadtime) $\lfloor$ 76, 77, 90 $\rfloor$ und die größere Flexibilität bei Änderungen.

Für kleine Gesamtstückzahlen und Einzelwerkstücke schlägt vor
allem die NC-Programm-Testzeit an der Maschine zu Buche: Sie
beträgt bei vergleichbaren Arbeiten auf Bearbeitungszentren
das Dreifache der Bearbeitungszeit für ein Werkstück $\lfloor$ 83 $\rfloor$.
Nach $\lfloor$ 82 $\rfloor$ kann sie einerseits bei technologisch schwierigen
Werkstoffen aus der Raumfahrt noch höher steigen, nach $\lfloor$ 81 $\rfloor$
kann sie andererseits bei technologisch bekannten und geometrisch ebenen Fällen, die durch grafische Darstellung geprüft
wurden, sogar entfallen.

Die Versuche am ISW zeigten, daß beim fünfachsigen Fräsen die
Testzeit auch ein Vielfaches der Bearbeitungszeit beträgt. Die
grafische Kontrolle der programmierten Fräserwege und die Erfahrung mit ähnlichen Werkstücken beeinflußt die Testzeit dabei wesentlich. Da beim fünfachsigen Fräsen die Einzelstückfertigung vorherrscht, ist dies ein wesentlicher Kostenfaktor
der einmaligen Vorbereitungskosten. Deshalb wird in den Abschnitten 7 und 8 näher auf NC-Datenfluß und Korrekturfluß ein-
gegangen, deren Verbesserung diese Testzeiten verringern können.

Wie stark die einzelnen Systemparameter quantitativ die Kosten für die Herstellung gekrümmter Oberflächen beeinflussen, sollen folgende vereinfachte Fallbeispiele zeigen. Für sie können die Kosten nur angenähert berechnet werden. Deshalb wird auch nur die einfache Platzkostenrechnung verwandt, um Größenordnung und Kostenrelationen zu ermitteln. Die Daten dafür stammen aus dem Schrifttum, verschiedenen Fertigungsbetrieben und Fräsversuchen mit der Versuchsfräsmaschine.

6.1 Kosten für manuelles Glätten

Die Platzkosten für manuelles Glätten werden aufgrund von Firmenangaben $\mathcal{L}$ 76, 91 $\mathcal{J}$ mit 35,-- DM/h angenommen. Um die <u>Kosten</u> für die Nachbearbeitung eines Werkstücks bestimmen zu können, muß die manuelle Bearbeitungszeit T_{man} angenähert ermittelt werden. Nach $\mathcal{L}$ 4 $\mathcal{J}$ ist sie umgekehrt proportional zum Quadrat der Fräsrillenanzahl n_F

$$T_{man} \sim \frac{1}{n_F^2} \qquad (6/1)$$

Der einfache Zusammenhang zwischen der Fräsbahnbreite b und der Fräsrillenanzahl n_F

$$n_F \sim \frac{1}{b} \qquad (6/2)$$

und der aus Bild 3-8 ersichtliche Zusammenhang mit der Fräsrillentiefe r_t

$$r_t \sim b^2 \qquad (6/3)$$

ergeben in (6/1) eingesetzt, daß die manuelle Bearbeitungszeit angenähert proportional der Fräsrillentiefe r_t ist.

$$T_{man} \sim r_t$$

Die Nachbearbeitung ist mit dem Abtragen der Fräsrillen nicht abgeschlossen, so daß noch ein Zeitanteil c_1 berücksichtigt werden muß, der unabhängig ist von der Fräsrillentiefe r_t:

$$T_{man} = c_1 + c_2\, r_t \qquad (6/4)$$

Von $\mathcal{L}$ 76 $\mathcal{J}$ ist bekannt, daß sich bei einem Ziehwerkzeug aus Stahlguß mit etwa einer Fläche A = 300 dm^2 und einem Krümmungsradius $\rho \approx 1000$ mm mit zwei verschiedenen Zeilenbreiten beim (dreiachsigen) Nachformfräsen folgende Nachbearbeitungszeiten ergeben:

- bei b_I = 1,5 mm Fräsbahnbreite   300 h Nachbearbeitung,
- bei b_I = 0,75 mm Fräsbahnbreite 100 h.

Nimmt man einen Kugelkopffräser mit r = 10 mm und ρ = 1000 mm an und setzt diese Werte in die Gleichungen I und II von Bild 3-10 ein, so ergeben sich die Gleichungen I und II von Bild 6-1.

Aus der Verknüpfung der Gleichung I von Bild 6-1, der Gleichung (6/4) und den zuvor genannten Daten für die Bearbeitung des Ziehwerkzeugs lassen sich die Konstanten c_1 und c_2 in Bild 6-1, III errechnen. Damit ist ein Zusammenhang von manuellen Nachbearbeitungskosten und der Fräsrillentiefe bzw. der Fräsbahnbreite gegeben, der in Abschnitt 6.5 für die Berechnung der kostenoptimalen Fräsrillentiefe benötigt wird.

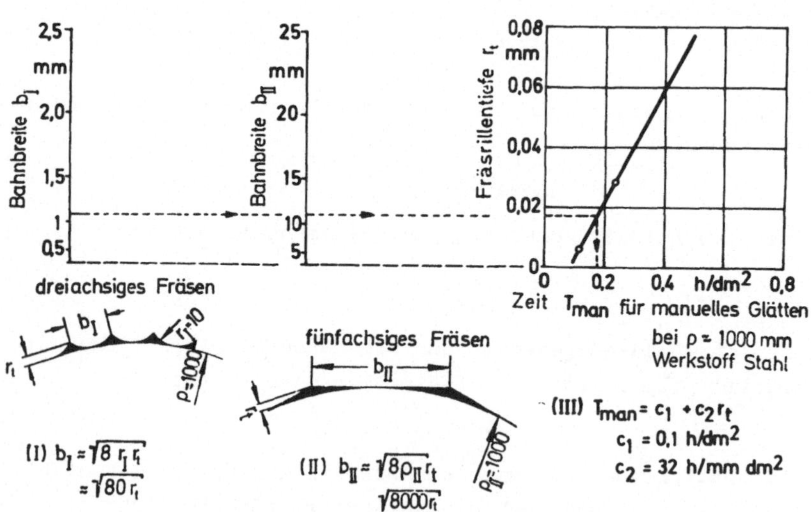

Bild 6-1: Bearbeitungszeit T_{man} für manuelles Glätten, abhängig von der Fräsrillentiefe r_t

6.2 Platzkosten für maschinelle Bearbeitung

Für noch folgende Vergleiche müssen für drei Maschinen die Platzkosten berechnet werden. Maschine I ist eine Dreiachsen-NC-Fräsmaschine. Maschine II ist eine Fünfachsen-Fräsmaschine entsprechend der Versuchsfräsmaschine von Bild 5-1 und Maschine III ist eine zweispindlige Fünfachsen-Fräsmaschine für die Propellerbearbeitung (Bild 6-2).

Beim Wiederbeschaffungswert K_W wurde der Wert von 1974 eingesetzt $\lceil$ 78, 91 $\rfloor$. Es wird vereinfachend angenommen, daß der höhere Preisindex nach der Nutzungsdauer durch höhere Effektivität der neuen Maschine und durch bessere Ausnutzung der installierten Leistung aufgrund besserer Schneidstoffe kompensiert wird.

Die Nutzungsdauer t_N beträgt nach $\lceil$ 89, 78 $\rfloor$ bei dreischichtigem Betrieb 5 Jahre, nach $\lceil$ 84 $\rfloor$ wird sie mit 10 Jahren angenommen. Nach amtlichen Abschreibungssätzen (AfA-Tabellen) sind bei einschichtigem Betrieb 8 Jahre zulässig. Da man mindestens zweischichtigen Betrieb annehmen kann, wird die Nutzungsdauer auf 7 Jahre geschätzt. Die wirkliche Nutzungsdauer hängt auch

	Maschine I	Maschine II	Maschine III	Einheit
Wiederbeschaffungswert K_W	1 000 000	1 500 000	4 000 000	DM
Nutzungsdauer t_N	7	7	7	a
Nutzungsgrad η bei 2 Schichten	0,75	0,75	0,75	
Jährliche Nutzungsdauer t_{NJ}	3000	3 000	3 816	h
Kalkulatorische Abschreibung K_A	48	71	150	DM/h
Zinskosten K_Z	20	30	63	DM/h
Raumkosten K_R	3	3	5	DM/h
Instandhaltungskostenfaktor c_I	0,05	0,05	0,05	1/a
Instandhaltungskosten K_I	17	25	52	DM/h
Energiekosten K_E	3	5	10	DM/h
Bedienungspersonalkosten K_P	30	30	60	DM/h
Platzkosten K_{masch}	121	164	340	DM/h

Bild 6-2: Platzkosten für drei NC-Fräsmaschinen

vom Nutzungsgrad ab.

Angaben zum Nutzungsgrad η schwanken zwischen 0,65 und 0,95. Hier wurde 0,75 gewählt, da man bei der zu erwartenden Einzelstückfertigung mit niedrigerem Nutzungsgrad rechnen muß. Bei zweischichtigem Betrieb beträgt die Zahl der monatlichen Arbeitsstunden t_{mon} = 330 h. In dem unter $\int 91 \, \rfloor$ zitierten Betrieb kann für Maschine III mit t_{mon} = 424 h gerechnet werden; dies ergibt eine jährliche Nutzungsdauer t_{NJ}

$$t_{NJ} = 12 \, \eta \, t_{mon} \qquad (6/5)$$

und nach $\int 59 \, \rfloor$ die kalkulatorische Abschreibung K_A

$$K_A = \frac{K_W}{t_{NJ} \, t_N} \qquad (6/6)$$

Mit der Annahme des Zinssatzes c_Z = 0,12 ergibt folgende Näherungsformel die Zinskosten K_Z

$$K_Z = 0,5 \, c_Z \, K_W/t_{NJ} \qquad (6/7)$$

Die Raumkosten K_R wurden nach der Maschinen- und Werkstückgröße geschätzt. Der Instandhaltungs- und Wartungskostenfaktor c_I wird im Schrifttum verschieden angenommen, von (2 ... 7) % pro Jahr. Somit betragen die Wartungskosten K_I

$$K_I = K_W \, c_I \, / \, t_{NJ} \qquad (6/8)$$

Die zu erwartenden Energiekosten K_E wurden anhand bekannter Maschinen geschätzt.

Die Kosten für das Bedienungspersonal setzen sich aus Lohnkosten, Sozialgemeinkosten und Restfertigungsgemeinkosten zusammen. Sie betragen zusammen (1975) nach $\int 76 \, \rfloor$ ca. 30,-- DM/h. Nach $\int 79 \, \rfloor$ werden an sehr teueren Maschinen und teueren Werkstücken immer zwei Personen für die Maschinenbedienung eingesetzt. Deshalb wurde dieser Fall für Maschine III angenommen. Die Platzkosten für die maschinelle Bearbeitung sind somit

$$K_{masch} = K_A + K_Z + K_R + K_I + K_E + K_P \qquad (6/9)$$

Diese Zahlenwerte wurden in Bild 6-2 zusammengestellt und sind die Grundlage für folgende Vergleiche:

6.3 Vergleich mit dreiachsigem Fräsen

Ein kompliziertes Flugzeugteil aus Titanium wird zur Zeit dreiachsig mit einer zweispindligen NC-Maschine gefräst $\mathcal{L}$ 89 $\mathcal{J}$.
Manuelle und maschinelle Fertigungszeit sind nach $\mathcal{L}$ 89 $\mathcal{J}$ bekannt; für die Platzkosten wurden die Werte von den Abschnitten
6.1 und 6.2 angenommen. Die Bearbeitungskosten berechnen sich
dann zu

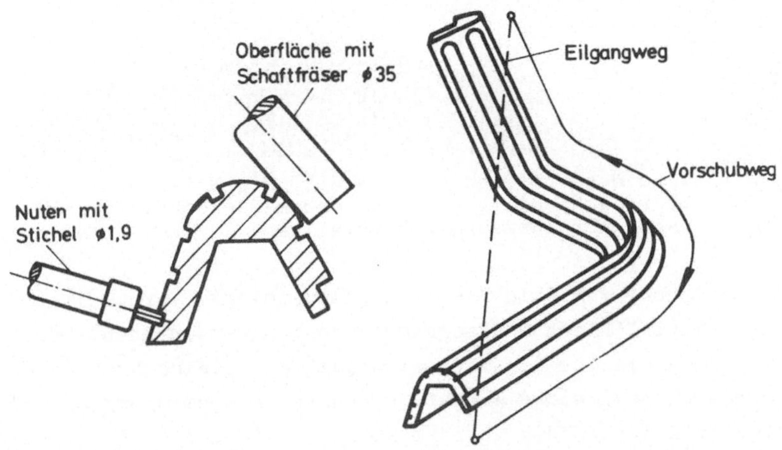

Bild 6-3: Testwerkstück Profilbogen. Die Oberfläche wurde mit
einem Schaftfräser längs walzgefräst

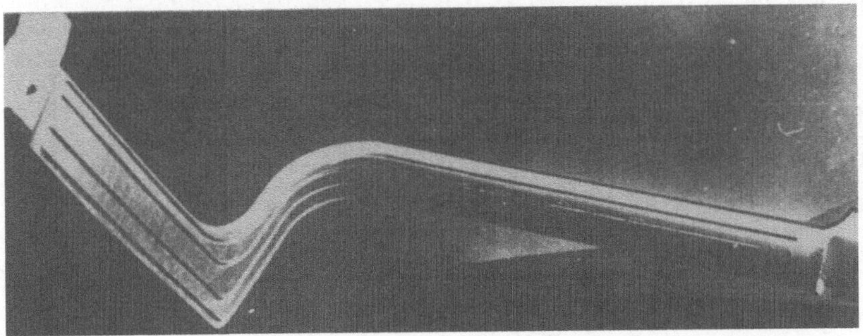

Bild 6-4: Foto des Profilbogens. Die Oberfläche wurde durch
fünfachsiges Fräsen so glatt, daß keine Fräsrillen
mehr zu erkennen sind.

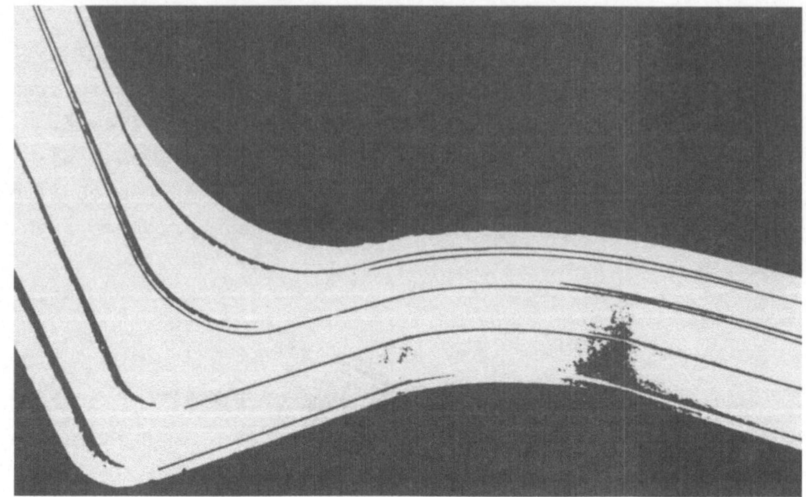

Bild 6-5: Foto des Profilbogens, Detail. Die Nuten entlang der
Oberfläche mit gleichbleibendem Querschnitt sind
exakt nur fünfachsig herstellbar

Diese Gleichung ist Bild 6-6, I zugrundegelegt. Vorbereitungskosten, hauptsächlich NC-Programmierkosten, werden nicht berücksichtigt, da sie für den Vergleichsfall als gleich hoch angenommen werden. Das gleiche Werkstück konnte in Aluminiumguß zum
größten Teil fünfachsig gefräst werden (Bilder 6-3, 6-4, 6-5
und 6-6, II). Ohne Berücksichtigung der Entwicklungszeit, aber
mit den ungünstigen Schnittverhältnissen, ungenügender Steifigkeit von Vorrichtung und Werkstückaufspannung sowie bei ungün-

	I dreiachsig	II fünfachsig	Einheit
Fertigungszeit maschinell t_{masch}	90	32	h
Fertigungszeit manuell t_{man}	38	10	h
Platzkosten maschinell K_{masch}	121	164	DM/h
Platzkosten manuell K_{man}	35	35	DM/h
Bearbeitungskosten pro Werkstück K_{ges}	12 220	5 598	DM

Bild 6-6: Vereinfachter Bearbeitungskostenvergleich für einen
Profilbogen mit Nuten

stigem Fräsbahnverlauf betrug die Fertigungshauptzeit 16 h.

Berücksichtigt man die wesentlichen Verbesserungen, die noch
bei Steifigkeit und Fräsbahnverlauf (vgl. Abschnitt 3.4) zu er-
zielen sind, und die Nebenzeiten für Aufspannen und Testen, so
kann für die Bearbeitung in Titaniumlegierung entsprechend den
durch Versuch ermittelten Vorschubwerten mit der doppelten Zeit
gerechnet werden (Bild 6-6, II). Da die Fräsrillentiefe beim
fünfachsigen Fräsen sehr klein wird, wird die Zeit für manuelle
Nachbearbeitung entsprechend Bild 6-1 niedriger angenommen.

Das Verhältnis der Bearbeitungskosten von Fall I und Fall II
ist somit

$$\frac{K_{ges\ II}}{K_{ges\ I}} = 0,46 \qquad (6/11)$$

6.4 Vergleich mit manueller Bearbeitung

In einem führenden deutschen Werk für Schiffspropeller $\lfloor$ 91 $\rfloor$
werden die aus Aluminium-Mehrstoffbronze gegossenen Rohlinge
manuell auf Maß und glatt geschliffen, gestützt auf ein Raster
von genauen Bohrungen im Abstand von etwa 300 mm und einem
durchschnittlichen Aufmaß h_p = 7 mm. Der rechnergestützte Entwurf der Blattgestalt, der Trend zu immer größeren Propellern
mit immer größerer Überdeckung und die lohnintensive Bearbeitung führen zu fünfachsigem NC-Fräsen als wirtschaftlicher Alternative, zumal ähnliche Werkstücke in Schweden schon fünfachsig bearbeitet werden.

Für eine Fräsbearbeitung spricht auch, daß die Späne ohne weitere Aufbereitung wieder eingeschmolzen werden können, was bei
der jetzt üblichen Schleifbearbeitung nur auf kostspieligen Um-
wegen möglich ist. Eine zweispindlige Anordnung würde die maschinellen Bearbeitungskosten zudem senken. Dieser Fall ist dem
Vergleich zugrunde gelegt.

Nach $\lfloor$ 91 $\rfloor$ kann folgendes repräsentative Beispiel angenommen

werden: Bei einem Propellerdurchmesser d_P = 60 dm ergibt sich
eine Propellerfläche A_P

$$A_P = 1,3 \; n \; d_P^2 \, / \, 4 = 3676 \; dm^2 \qquad (6/12)$$

Die manuelle Bearbeitungszeit dieser Fläche beträgt zur Zeit
$t_{man\,I}$ = 1000 h. Mit den Platzkosten aus Abschnitt 6.1 ergibt
dies Bearbeitungskosten im Fall I

$$K_I = K_{man} \; t_{manI} = 35\;000,-- \; DM \qquad (6/13)$$

Am ISW wurden mehrere ähnliche Flächen aus Aluminiumlegierung
mit dem Messerkopf bearbeitet, die bei wenigen hundertel Milli-
meter Rillentiefe eine bearbeitete Fläche von 3 dm^2/min ergaben
(vgl. Bild 3-18, IV und V sowie Bild 3-20, I).

Bei zweispindliger Anordnung (Maschine III von Bild 6-2) und
maschinentechnisch besseren Voraussetzungen als an der Versuchsfräsmaschine kann man somit eine bearbeitete Fläche von
A_F = 6 dm^2/min annehmen. Dies ergibt eine Fertigungshauptzeit
von

$$t_{haupt\,II} = A_P \, / \, A_F = 612 \; min = 10,2 \; h \qquad (6/14)$$

Nimmt man 100 % Nebenzeiten an, so ist die Bearbeitungszeit

$$t_{masch\,II} = 2 \; t_{haupt\,II} = 20,4 \; h \qquad (6/15)$$

Werden die Platzkosten von Maschine III in Bild 6-2 und eine
manuelle Nachbearbeitungszeit $t_{man\,II}$ = 100 h angenommen, so be-
laufen sich die Bearbeitungskosten im Fall II bei fünfachsigem
Fräsen auf

$$
\begin{aligned}
K_{II} &= K_{masch} \; t_{masch\,II} + K_{man} \; t_{man\,II} \qquad (6/16)\\
&= (340 \; DM/h \; 20,4 \; h) + (35 \; DM/h \; 100 \; h)\\
&= 10\;436 \; DM
\end{aligned}
$$

Vorbereitungskosten und sonstige Teilbearbeitungen werden hier
nicht mit verglichen, da angenommen wird, daß sie in beiden Fällen gleich groß sind: Bei manueller Bearbeitung in Fall I bestehen sie aus den Meß- und Anreißkosten, bei maschineller Bearbeitung in Fall II in Programmier- und Testkosten. Das Verhältnis
der Bearbeitungskosten beträgt somit

$$K_{II} / \, K_I = 10\;436 \, / \, 35\;000 = 0,30 \qquad (6/17).$$

6.5 Vergleich von kostenoptimalen Fällen

Die Kosten für die Herstellung gekrümmter Flächen im Werkzeugbau sind neben den Werkstoffkosten im wesentlichen Maschinen-
kosten für das Vorfräsen und Lohnkosten für das manuelle Glätten der Fräsrillen. Diese Gesamtkosten haben ein Minimum, abhängig vom Fräsrillenprofil.

Da der wesentliche Vorteil des fünfachsigen Fräsens gerade das
günstigere Fräsrillenprofil ist, müssen die Kosten für das fünfachsige Fräsen im Zusammenhang mit der manuellen Bearbeitung,
abhängig von der Fräsrillentiefe gesehen werden: Die Gesamtkosten K_{ges} für die Herstellung einer gekrümmten Oberfläche sind
nach $\mathcal{L}\,4\,\mathcal{J}$ als Funktion der Fräsrillenanzahl n_F darstellbar:

$$K_{ges} = K_1 + (K_2\, n_F) + (K_3 \,/\, n_F^2) \qquad (6/18)$$

n_F ist die Fräsrillenanzahl eines beliebigen Flächenstücks.

K_1 sind die Kosten, die in keinem ursächlichen Zusammenhang
mit der Fräsrillenanzahl stehen, wie Werkstoff- und Prüf-
kosten und der Anteil des Glättens nach der Abarbeitung der
Fräsrillen.

$K_2\, n_F = K_{masch}\, t_{masch}$ sind die Kosten, die proportional der
Fräsrillenanzahl n_F sind, d. h. es sind die maschinellen
Bearbeitungskosten.

$K_3/n_F^2 = K_{man}\, t_{man}$ sind die Kosten der manuellen Bearbeitung,
die umgekehrt quadratisch proportional zur Fräsrillenanzahl
n_F sind.

Durch Differenzieren ergibt sich das Optimum

$$dK_{ges}/dn_F = K_2 - 2\, K_3/n_F^3 = 0 \qquad (6/19)$$

$$(K_2\, n_F) = 2\, (K_3/n_F^2) \qquad (6/20)$$

d. h. es ergibt sich ein Kostenminimum, wenn die Fräsrillenanzahl so gewählt wird, daß die maschinellen Bearbeitungskosten
doppelt so hoch liegen wie die manuellen.

Als Kostenbeispiel nehmen wir die in Bild 6-1 dargestellten zwei

Fälle an, bezogen auf die Fläche von 1 dm^2. Diese Fälle sind besonders gut geeignet für einen Vergleich, da damit nicht willkürlich herausgegriffene Beispiele, sondern jeweils der optimale Fall des dreiachsigen Fräsens mit dem optimalen Fall des fünfachsigen verglichen werden kann und der Einfluß der Parameter Fräsbahnbreite b und Fräsrillentiefe r_t auf diesen Kostenvergleich besonders deutlich wird.

Setzt man die in Abschnitt 6.4 und 6.5 verwendeten Ansätze in Gleichung (6/20) ein, so ergibt sich die Gleichung

$$K_{masch} \, t_{masch} = 2 \, K_{man} \, t_{man} \qquad (6/21)$$

wobei $t_{man} = f\,(b)$ und $t_{masch} = f\,(b)$ wie folgt bestimmt werden.

Die Zeit des Fräsereingriffs beträgt nach Gleichung (3/3)

$$t_F = 1 \, / \, b \, u_d \qquad (6/22)$$

Nimmt man an, daß für die Eilgangwege und Anstellbewegungen etwa 25 % der Eingriffszeit gebraucht werden, so ergibt sich die auf 1 dm^2 normierte maschinelle Bearbeitungszeit zu

$$t_{masch} = 1{,}25 \, / \, (60 \, b \, u_d) \qquad (6/23)$$

Für den Anteil der manuellen Bearbeitungszeit, die von der Fräsrillentiefe r_t abhängt, kann nach Bild 6-1, Gleichung III

$$t_{man} = c_2 \, r_t = 32 \, r_t \qquad (6/24)$$

angesetzt werden. Der Faktor c_1 ist bei dieser Betrachtung in den fräsrillenunabhängigen Kosten K_1 enthalten. Die Fräsrillentiefe r_t ist nach Bild 6-1, I und II

$$r_t = b^2 \, / \, c_3, \qquad (6/25)$$

wobei für den dreiachsigen Fall $c_3 = 80$ mm und für den fünfachsigen Fall $c_3 = 8000$ mm ermittelt wurde.

Diese Gleichungen in Gleichung (6/21) für den optimalen Fall eingesetzt und nach der Fräsbahnbreite b_{opt} aufgelöst, ergibt

$$b_{opt} = \sqrt[3]{(104 \, K_{masch} \, c_3) \, / (K_{man} \, c_2 \, u_d)} \qquad (6/26)$$

Als konstante Werte wurden nach Abschnitt 6.1 K_{man} = 35 DM/h
und der nach $\mathcal{L}$ 80, 87 $\mathcal{J}$ durchschnittliche Vorschub für die
Schlichtbearbeitung bei Stahl u_d = 600 mm/min angenommen. Diese
se Zahlenwerte und die Platzkosten von Bild 6-2 eingesetzt ergeben die Tabelle in Bild 6-7.

	I dreiachsig kostenoptimal	II fünfachsig $b_{II} = b_I$	III fünfachsig $r_{tIII} = r_{tI}$	IV fünfachsig kostenoptimal
Platzkosten maschinell K_{masch} (DM/h)	121	164	164	164
Fräsrillenkonstante c_3 (mm)	80	8 000	8 000	8 000
Fräsbahnbreite b (mm)	1,26	1,26	12,32	5,88
Fräsrillentiefe r_t (µm)	19	0,19	19	4,3
fräsrillenabhängige Kosten K_{fges} (DM/dm²)	50	45,2	25,9	14,5
auf Fall I bezogene $K_{f\,ges}$ (%)	100	90	52	29

Bild 6-7: Vergleich von kostenoptimalen Bearbeitungsfällen

Den kostenoptimalen Fällen I und IV wurden zum Vergleich noch
zwei weitere hinzugefügt; Fall II setzt beim fünfachsigen Fräsen die gleiche Fräsbahnbreite wie beim dreiachsigen ein, Fall
III die gleiche Fräsrillentiefe. Die Fräsrillentiefe wird wieder aus Gleichung (6/25) bestimmt.

Die fräsrillenabhängigen Kosten betragen dann

$$K_{f\,ges} = K_{masch}\,t_{masch} + K_{man}\,t_{man} \qquad (6/27).$$

6.6 Konsequenzen aus den Vergleichen

Auch wenn die verwendeten Daten von der Praxis und von Weiterentwicklungen noch modifiziert werden, so bleiben der Trend und
die folgenden Schlüsse für das fünfachsige NC-Fräsen weitgehend
erhalten.

Die kostenoptimale Fräsrillenbreite liegt wesentlich unter den verwendeten Fräserdurchmessern und technologisch möglichen Eingriffsbreiten, dies bedeutet,

- daß die Rillentiefeberechnung nur kleine Ausschnitte aus dem Fräsrillenprofil benötigt, die in vielen Fällen durch Kreise oder Gerade angenähert werden, und
- daß die Vorteile des fünfachsigen Fräsens - nicht wie seither angenommen in den Kosten für die Schruppbearbeitung, sondern - bei denen für die Schlichtbearbeitung zum Tragen kommen.

Die kostenoptimale Fräsrillentiefe ist sehr klein und liegt unter den zur Zeit möglichen maschinellen Fertigungstoleranzen für gekrümmte Flächen, vor allem beim fünfachsigen Fräsen.

Die größten Kosteneinsparungen des fünfachsigen gegenüber dem dreiachsigen Fräsen sind in der Nähe der optimalen Rillentiefe bei großen Vorschubgeschwindigkeiten (der Fräserspitze!) und hoher Genauigkeit möglich; d. h. fünfachsiges Fräsen sollte genauer sein als dreiachsiges Fräsen, da es vor allem bei kleinen Formtoleranzen mit dem dreiachsigen Fräsen konkurrieren kann.

Zusammen mit der Forderung nach Verkürzung der Testzeit ist es somit notwendig, den NC-Datenfluß nach Zeitaufwand und Fehlern zu durchleuchten.

7 Fehler im NC-Datenfluß

Der NC-Datenfluß beginnt beim Arbeitsplan und endet beim Werkstück (Bild 7-1). Dazwischen liegt die Umsetzung des Arbeits-
plans in der Teileprogrammierung mit einer NC-Programmiersprache - wir nehmen im folgenden immer APT an - , die Verarbeitung
mit dem APT-Prozessor, die Nachverarbeitung mit dem Postprozessor, der Steuerlochstreifen, die numerische Steuerung und die
NC-Maschine.

Der Begriff NC-Datenfluß wurde hier aus zweierlei Gründen gewählt:

- Vom richtigen Arbeitsplan bis zum Werkstück werden die Informationen nur rechner-, steuerungs- und maschinenspezifisch
  aufbereitet und als Daten fließen sie von einer Verarbei-

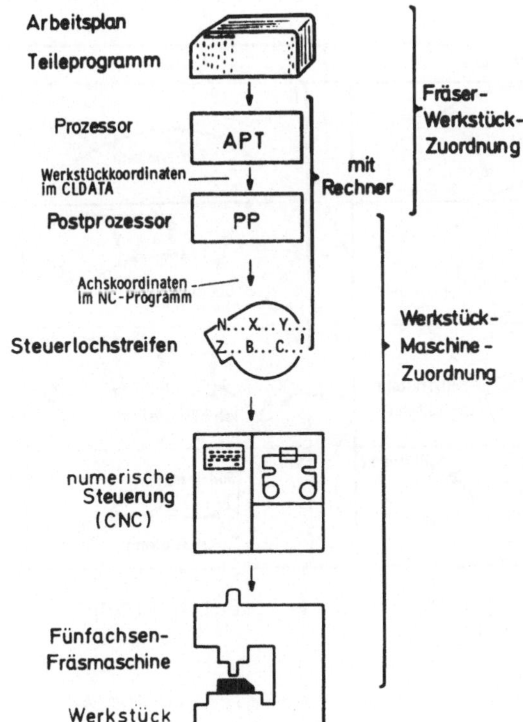

Bild 7-1:
Üblicher NC-Daten-
fluß für das fünf-
achsige Fräsen

tungsstelle zur nächsten, wofür in $\lfloor$ 18 $\rfloor$ der Begriff Datenfluß vorgesehen ist.

- Alle beteiligten Programme und Geräte sind mit dem Kurzwort
  NC gekennzeichnet: Die NC-Programmierung mit der NC-Programmiersprache, das NC-Programm, die CNC, die NC-Maschine bis
  zum NC-Fräsen.

Im Abschnitt 3 wurde die fünfachsige Fräser-Werkstück-Zuordnung
analysiert. Dieser NC-Datenfluß kann ihn verwirklichen. Die Fehler, die dabei auftreten, können nach ihrer Wirkung am Werkstück
und ihrer Ursache gegliedert werden. Zunächst zum ersteren.

Folgende Abweichungen der gefrästen Fläche von der Sollfläche
liegen im Prinzip der Fräsbearbeitung und der NC-Programmierung
begründet (Bild 7-2). Die Fläche wird vom Teileprogrammierer in

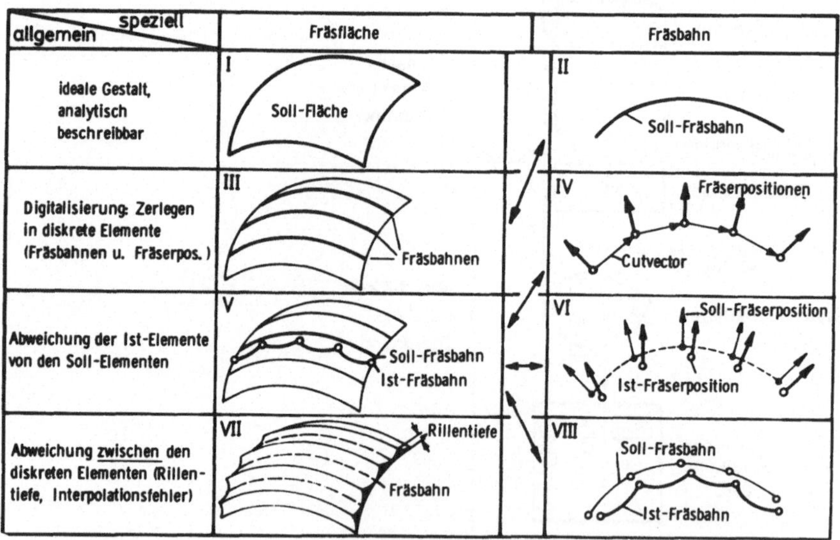

Bild 7-2: Analogie der Abweichungen von der idealen Fläche und
der idealen Fräsbahn

einzelne Fräsbahnen und diese Fräsbahnen analog dazu vom APT-
Prozessor in einzelne Fräserpositionen zerlegt. Aufgrund der

Formtoleranz berechnet der Teileprogrammierer die Fräsrillentiefe und damit die Fräsbahndichte. Analog dazu berechnet der
APT-Prozessor aufgrund der programmierten Toleranzangaben die
Dichte der Fräserpositionen. Fräsbahnen und analog die Fräserpositionen weichen von der idealen Lage ab. Weiterhin weicht
die gefräste Fläche von der idealen Fläche zwischen den Fräsbahnen und analog dazu zwischen den Fräserpositionen ab.

Die vier Abweichungen (Bild 7-2, V ... VIII) sind je eine Fehlersumme mit einer ganzen Reihe von Ursachen. Die Auswertung
von Fräsversuchen ergab dabei die in Bild 7-3 dargestellten
Gruppen und ihre Größenordnung.

Diese Fehler werden nun in der Reihenfolge des NC-Datenflusses
in vier Gruppen analysiert und daraus Korrekturverfahren entwickelt:
- Fehler infolge Vereinfachungen der Fräser-Werkstück-Zuordnung in der NC-Programmierung;
- Fehler, die in den Randbedingungen der numerischen Steuerung
  ihre Ursache haben;

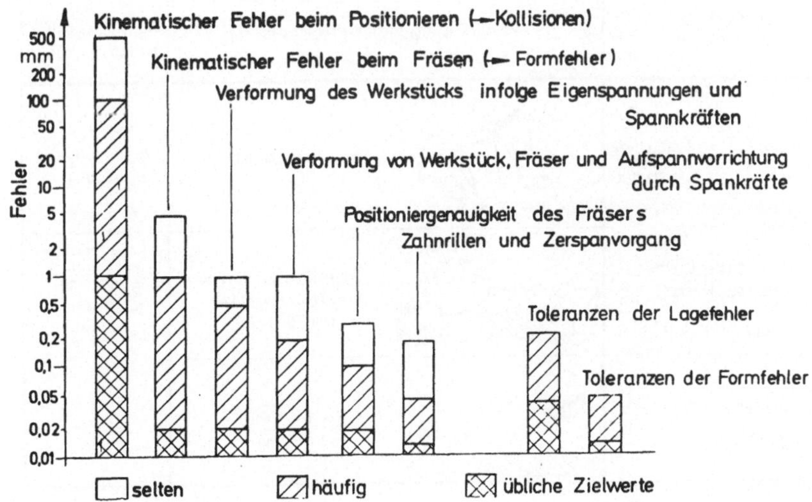

Bild 7-3: Größenordnung der Fehler an der Versuchsfräsmaschine

- Fehler, die auch bei konventionellen Fräsmaschinen vorkommen,
- und kinematische Fehler, die nur dann auftreten, wenn numerisch gesteuert rotatorische und translatorische Bewegungen
  überlagert werden.

7.1 Fräser-Werkstück-Zuordnung in der NC-Programmierung

Der Teileprogrammierer nimmt bei der Fräser-Werkstück-Zuordnung
die in Bild 7-4 dargestellten Vereinfachungen zu Zerspanung und
zur Steifigkeit an; z. B. der Umfangsstirnfräser wird in der NC-
Programmierung zu seiner Rotationshüllfläche, einem glatten, unendlich steifen Zylinder, vereinfacht. Daraus entstehen besonders beim fünfachsigen Fräsen große Fehler, die jedoch durch
kleinere Vorschubgeschwindigkeiten verringert werden können.
Besitzt der Teileprogrammierer keine vergleichbaren Erfahrungen
oder Versuchsergebnisse, so kann diese Vorschubkorrektur erst
beim Testfräsen vorgenommen werden.

idealisierende Vereinfachung	berücksichtigt nicht die Fehler der	Gestaltabweichung nach DIN 4760
I unendliche Steifigkeit } von { Maschine / Fräser / Werkstück	Verformung	1. Ordnung und 2. Ordnung
II unendliche Drehzahl des Fräsers	Zahnrillen durch relativ niedere Drehzahl bei großem Vorschub	2., 3., und 4. Ordnung
III unendliche Zähnezahl des Fräsers	Rauheit infolge Spanbildung	

Bild 7-4: Fehler infolge idealisierender Vereinfachungen

Die NC-Programmierung vereinfacht nicht nur die Fräser-Werkstück-Zuordnung an der Eingriffsstelle, sondern vernachlässigt auch die Umgebung der Bearbeitungsstelle. Dies führt zu drei Gruppen von Kollisionen:

- Der Fräser kommt noch an einer anderen Stelle als der berechneten mit der analytisch beschriebenen Werkstückfläche in Berührung (gouging). Dies kann zur Zeit nur zum Teil im Prozessor kontrolliert werden (gouging check). Ähnlich ist das Problem bei analytisch nicht einfach beschreibbaren Flächen, bei denen, soweit bekannt, keine die Bewegung begrenzende Kontrollfläche (checksurface CS) möglich ist.

- Der Fräser kollidiert mit den nicht beschriebenen Spannvorrichtungen. Dies kann endgültig nur beim Test an der Maschine geprüft werden, da die Spannvorrichtungen nicht im Teileprogramm beschrieben werden. Das Postprozessorwort CLDIST ist nur für ebene Fälle geeignet.

- Die Maschine kollidiert mit Werkstück oder Vorrichtung. Dies ist vor allem beim fünfachsigen Fräsen komplizierter Werkstücke (z. B. Schiffspropellern und Profilbogen) ein schwer kontrollierbarer Fall. Diese Kollisionen können z. B. durch längeren Schwenkkopfradius oder andere Aufspannung vermieden werden.

Eine weitere Vereinfachung der Fräser-Werkstück-Zuordnung stellt die Vorschubprogrammierung dar. Die Vorschubbewegung ist nach [19] eine Bewegung zwischen Werkstück und Werkzeug. Zur Vereinfachung der komplizierten kinematischen Verhältnisse beim fünfachsigen Fräsen wird in APT die Geschwindigkeit der Fräserspitze relativ zum Werkstück als Vorschub definiert.

Er ist entlang einer Fräsbahn konstant, wenn sich Schnittiefe und Schnittbreite nicht wesentlich ändern. Der Vorschub ist dabei die vektorielle Summe aller Bewegungskomponenten der Maschine. Wenn der Fräser in mehr als einer Achsrichtung sich bewegt, ist der Zusammenhang zwischen Vorschub und Achsgeschwindigkeit nicht mehr linear. Es ist deshalb die Verfahrzeit zwischen zwei

Fräserpositionen die geeignetere Maßgröße:

$$\text{Verfahrzeit} = \frac{\text{räumliche Strecke zwischen 2 Fräserspitzenpos.}}{\text{programmierte Vorschubgeschwind. } u_{prog}}$$

Diese Verfahrzeit ändert sich im allgemeinen Fall von Position
zu Position. Ihr Kehrwert (inverse time) ist proportional zur
Taktfrequenz in der Steuerung für die Interpolation.

Bei zwei- und dreiachsigem Fräsen berechnet i. a. die Steuerung
die Verfahrzeit, es kann ihr also die Vorschubgeschwindigkeit
eingegeben werden. Beim fünfachsigen Fräsen kann die Steuerung
bis jetzt die Verfahrzeit nicht berechnen, da aus den eingege-
benen Achskoordinatenwerten die räumliche Entfernung der Fräserspitzenpositionen nicht ermittelt werden kann; der Steuerung
fehlen nämlich Daten zur Werkstück-Maschine-Zuordnung: Die Aufspannlage des Werkstücks und der Schwenkkopfradius. Es muß somit beim fünfachsigen Fräsen die Verfahrzeit oder eine gleich-
wertige codierte Größe über den Steuerlochstreifen eingegeben
werden. Die Eingabe des Vorschubs ist beim fünfachsigen Fräsen
nur dann möglich, wenn die Werkstückkoordinaten in die Steuerung eingelesen werden.

Bei der Programmierung mit APT beschreibt der Teileprogrammierer nicht Rohteil und Fertigteil, sondern nur Flächen (vgl.
Bild 8-2), entlang denen er dann den Fräser führt. Somit sind
im APT-Prozessor und -Postprozessor die Eingriffsverhältnisse
nicht bekannt und können auch nicht rechnergestützt verarbeitet
und kontrolliert werden. Als technologische Programmierdaten
dienen lediglich die konstante Spindeldrehzahl und der Vorschub
der Fräserspitze. Der verbesserte NC-Datenfluß (vgl. Abschnitt
8) kann diese Mängel zum Teil kompensieren.

Die Fräserspitze als repräsentativer Punkt für eine optimale
Vorschubgeschwindigkeit ist in vielen Fällen des zwei-, drei-
und fünfachsigen Fräsens nicht geeignet (Bild 7-5), denn dadurch entstehen sowohl zu hohe Vorschübe und damit Fräszahnrillen oder zu niedere Vorschübe und damit Freischneidemarken.

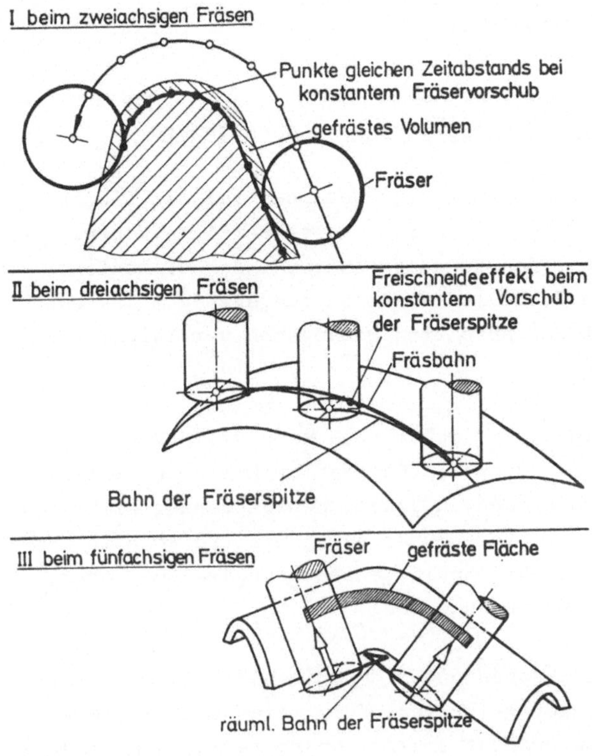

Bild 7-5:

Bahn und Vorschubgeschwindigkeit der Fräserspitze sind nicht repräsentativ für Schnittbedingungen und gefräste Fläche

Auch hier kann i. a. eine Vorschubkorrektur beim Testfräsen diese Fehler verkleinern, wenn die geometrischen Verhältnisse zu kompliziert für eine Vorausberechnung sind oder Erfahrungen noch nicht vorliegen.

Analog dazu sind die durch Plotter ausgezeichneten Bahnen der Fräserspitze an komplizierten Stellen beim fünfachsigen Fräsen nicht geeignet zur vollständigen NC-Programmkontrolle. In diesem Falle müssen die Hüllflächen des Fräsers gezeichnet und in verschiedenen Schnitten dargestellt werden.

Die Fehler, die das Nachverarbeitungsprogramm, der Postprozessor, verursacht, bestehen aus Rechenungenauigkeiten, die bei dem verwendeten 60 bit Wortrechner vernachlässigbar sind. Die Ausgabegenauigkeit ist kein Fehler des Postprozessors, sondern eine Randbedingung der numerischen Steuerung.

7.2 Steuerungsfehler und dynamische Maschinenfehler

Die Fehler der numerischen Steuerung beginnen bei der Eingabe-
feinheit (z. B. 0,01 mm). Bei Inkrementalsteuerungen kontrolliert der Postprozessor den Rundungsfehler, indem er laufend
die Summe der auf den Steuerlochstreifen ausgegebenen Inkremen-
te in jeder Achse mit den absoluten Maßangaben vergleicht und
entsprechend korrigiert.

Bei Fünfachsen-Maschinen sind z. Z. noch sehr viele NC-Programm-
sätze notwendig, um die kinematischen Fehler klein zu halten.
Reicht die Verarbeitungsgeschwindigkeit der Steuerung nicht aus,
so entsteht eine ruckende Vorschubbewegung mit Freischneidemarken. Dies kann z. B. durch schnellere Steuerungsrechner oder
niedrigere Vorschübe vermieden werden.

Weitere Fehler sind die sogenannten dynamischen Fehler der Ge-
schwindigkeits- und Lageregelkreise. Für zweiachsige Fälle wur-
den sie ausführlich untersucht $\mathcal{L}$ 44 $\mathcal{J}$. Charakteristisch sind
das Überschwingen (overshoot) und der Unterschnitt (undercut)
bei starken Richtungsänderungen der Fräsbahn. Bei der Fehleranalyse von gefrästen Flächen ist es allerdings schwierig, diesen Fehler von Freischneidemarken zu unterscheiden, die durch
die wechselnde Schnittkraftrichtung auftreten.

Die dynamischen Fehler sind bei fünfachsigen Fällen komplizierter. Eine Berechnung dieser Fehler dient zunächst der Auslegung
von Fünfachsen-Maschinen $\mathcal{L}$ 72, 73 $\mathcal{J}$.

Der Fehler hängt vom Vorschub ab, der aber noch an der Steuerung
verändert wird. Eine Korrektur des dynamischen Fehlers durch
Sollwertänderung ist somit nur in der Steuerung nach der letzten Änderung des Vorschubs im Verarbeitungsfluß (vgl. Bild 8-10)
sinnvoll, und auch nur dann, wenn sie programmtechnisch sehr
einfach ist. Aus älteren Postprozessoren z. B. $\mathcal{L}$ 40 $\mathcal{J}$ sind ver-

einfachte Korrekturverfahren der dynamischen Fehler bekannt; diese Korrekturverfahren haben sich aber nicht durchgesetzt.

7.3 Statische Maschinenfehler

Die maschinenbaulichen Fehler sind heute aufgrund der hohen Forderungen der NC-Technik an Steifigkeit von Maschinenkörper und Antriebssystem sehr klein gegenüber den anderen hier aufgezählten Fehlern. Diese Fehler sind Fluchtungsfehler der Achsen zueinander, das Durchbiegen des Auslegers, Verkippen des Supports, Umkehrspanne (Bild 7-6), Ruckgleiten in den Führungen und ungenaue Antriebselemente verbunden mit einem indirekten Meßsystem; sie summieren sich zur sogenannten Positionsstreubreite auf.

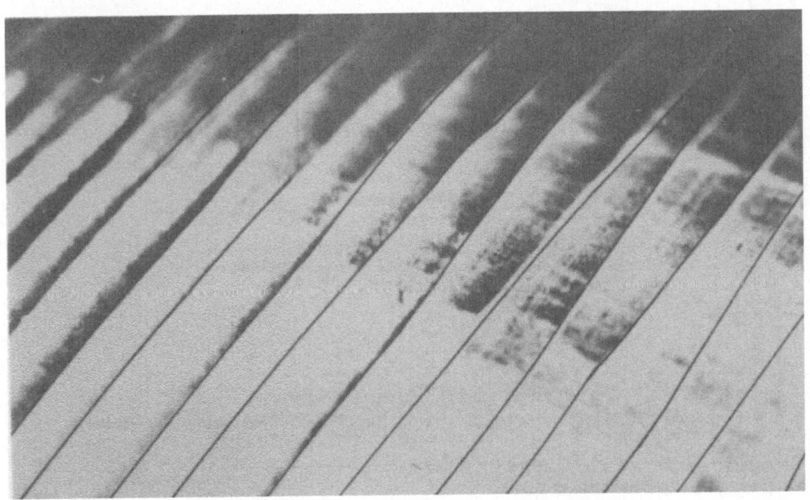

Bild 7-6: Kugelfläche mit Kugelkopffräser dreiachsig gefräst; die schmäler und breiter werdenden Bahnen haben ihre Ursache in der Umkehrspanne der Z-Achse

Diese Fehlersumme kann z. B. mit Hilfe eines Laserinterferometers abhängig von der jeweiligen Achsposition ermittelt werden (Bild 7-7). Diese Fehlerkurven haben einen systematischen und

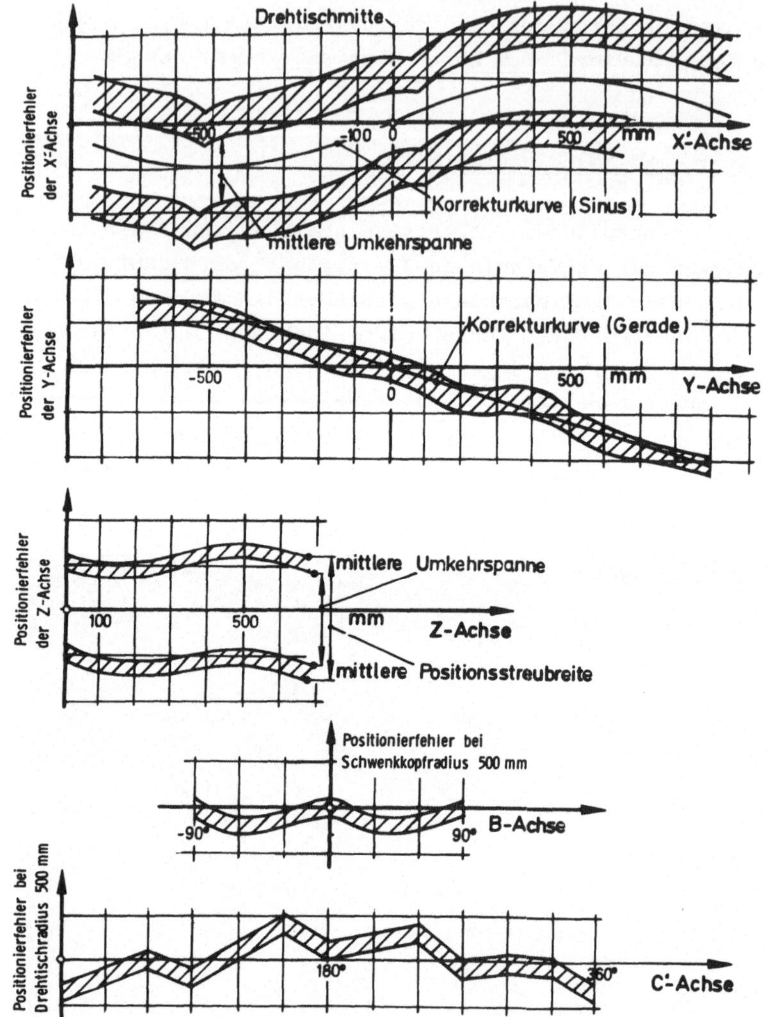

Bild 7-7: Positionsstreubreiten und Umkehrspannen bei der Versuchsfräsmaschine $\mathcal{L}$ 60 $\mathcal{J}$ und ihre Korrekturkurven im Postprozessor

einen zufälligen Anteil. Den systematischen Anteil kann der Postprozessor dadurch eliminieren, daß er die Achskoordinaten-Sollwerte wie folgt korrigiert. Zeigt die Fehlerkurve eine deutliche Gesetzmäßigkeit, so kann nach dieser der Sollwert verändert werden; z. B. die Achskoordinatenwerte der X-Achse wer-

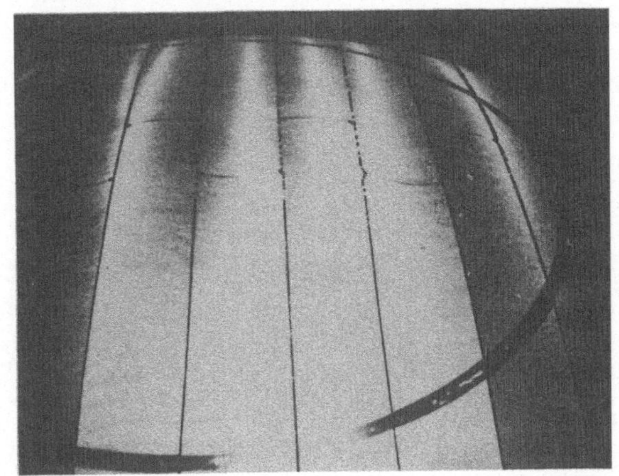

Bild 7-8:

Kugelfläche, mit Messerkopf fünfachsig gefräst; Voreilwinkel 4°. Kreisförmige Prüfnut

den nach einer gemittelten sinusförmigen Korrekturkurve verändert (Bild 7-7, oben), die Y-Koordinatenwerte nach einer Geraden.

Die Umkehrspannen in X- und Z-Achse werden dadurch eliminiert, daß bei kleiner werdenden Koordinatenwerten die Umkehrspanne zum Sollwert addiert wird. Dabei muß vereinbart werden, daß bei Nullpunktübernahme an der Maschine immer von der negativen Seite her angefahren wird.

Diese Korrektur ist vor allem bei Fünfachsen-Maschinen notwendig, da die Fehlersumme der fünf Achsen schneller als bei drei Achsen die zulässige Einfahrtoleranz überschreitet. In Bild 7-8 ist deutlich zu erkennen, daß die Fräsbahnen nicht mehr wie in Bild 7-6 schmäler werden, da der Postprozessor die oben beschriebene Korrektur vorgenommen hat. Nur noch kleine bogenförmige Marken deuten die Stelle des korrigierenden Eingriffs an. Eine Korrektur in der Steuerung wäre besser, da somit auch manuell programmierte Werte korrigiert werden könnten.

7.4 Kinematische Fehler

Die kinematischen Fehler des fünfachsigen Fräsens wurden bereits in $\lfloor$ 11, 21 $\rfloor$ theoretisch untersucht. Im folgenden wird die Weiterentwicklung aufgrund praktischer Versuche und neuer Erkenntnisse dargestellt.

Das fünfachsige Fräsen erfordert im allgemeinen die Simultanbewegung von rotatorischen und translatorischen Bewegungen zwischen zwei Positionen. Interpoliert die Steuerung linear in jeder Achskoordinate, so überlagern sich rotatorische und translatorische Bewegungen konstanter Geschwindigkeit. Dies ergibt keine Gerade zwischen zwei programmierten Fräserspitzenpositionen (Bild 7-9).

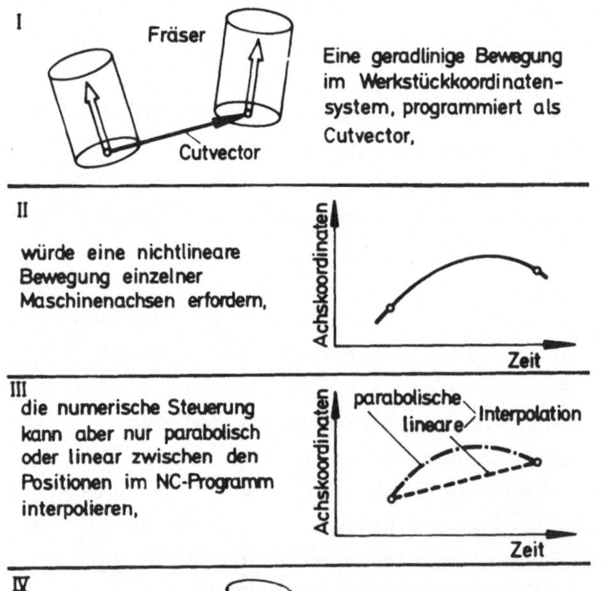

Bild 7-9:

Entstehung des kinematischen Fehlers der Fräserspitze beim fünfachsigen Fräsen

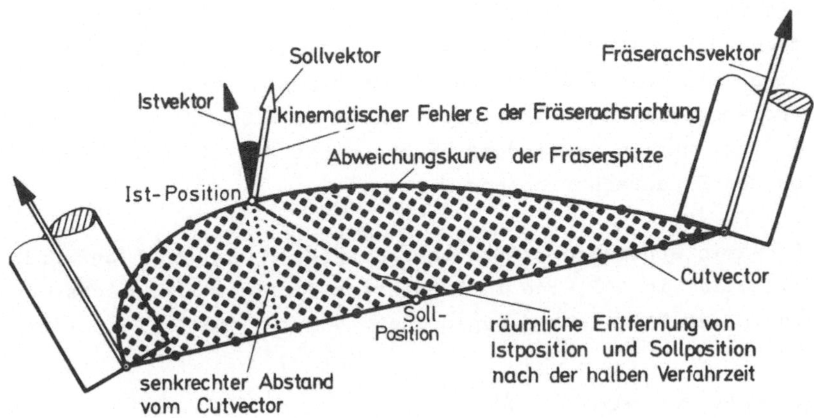

Bild 7-10: Beispiel (vereinfacht in der Ebene) für den kinematischen Fehler der Fräserspitze und der Fräserachsrichtung

Da die Berechnungen des APT-Prozessors eine geradlinige Verbin-
dung, den "Cutvector", voraussetzen, ist die Abweichung von dieser Geraden ein Fehler, der kinematische oder Linearisierungs-
fehler (Bild 7-10). Er wird so genannt, weil in den Achskoordinatenwerten die krummlinige Sollkurve zwischen den in die Steuerung eingelesenen Werten durch Linearinterpolation in jeder
einzelnen Achse "linearisiert" wird (Bild 7-9, II und III). Wie
groß dieser kinematische Fehler am Werkstück wirklich ist, kann
bei der Programmierung nicht berechnet werden, da die ideale
Werkstückfläche in Prozessor und Postprozessor nicht bekannt
ist.

Der kinematische Fehler der Fräserspitze tritt nicht nur durch
die Ausgleichsbewegung für Fräserachsrichtungsänderungen auf,
sondern auch bei Fünfachsen-Maschinen mit zwei Frässpindeln,
bei denen der Drehtisch sozusagen kinematisch die Kreisinterpolation durchführt.

Dieser kinematische Fehler der translatorischen Bewegung des
Fräsers tritt nicht auf, wenn die Drehachsen der rotatorischen
Maschinenbewegungen durch den Bezugspunkt der programmierten

Fräserbewegung (meist die Fräserspitze oder der Kugelmittel-
punkt eines Kugelkopffräsers) geht. Dies ist z. B. der Fall bei
Maschinen mit Bogenführungen am Doppelschwenkkopf, bei denen
die Fräserspitze und der Drehpol (pivot point) zusammenfallen.
Diese Konstruktion verhindert jedoch nicht den kinematischen
Fehler der Fräserachsrichtung:

Der Linearinterpolation zwischen zwei Fräserpositionen der Fräserspitze ist in APT eine Interpolation der zwei Fräserachsrich-
tungen in der Vektorebene zugeordnet. Der konstanten Geschwin-

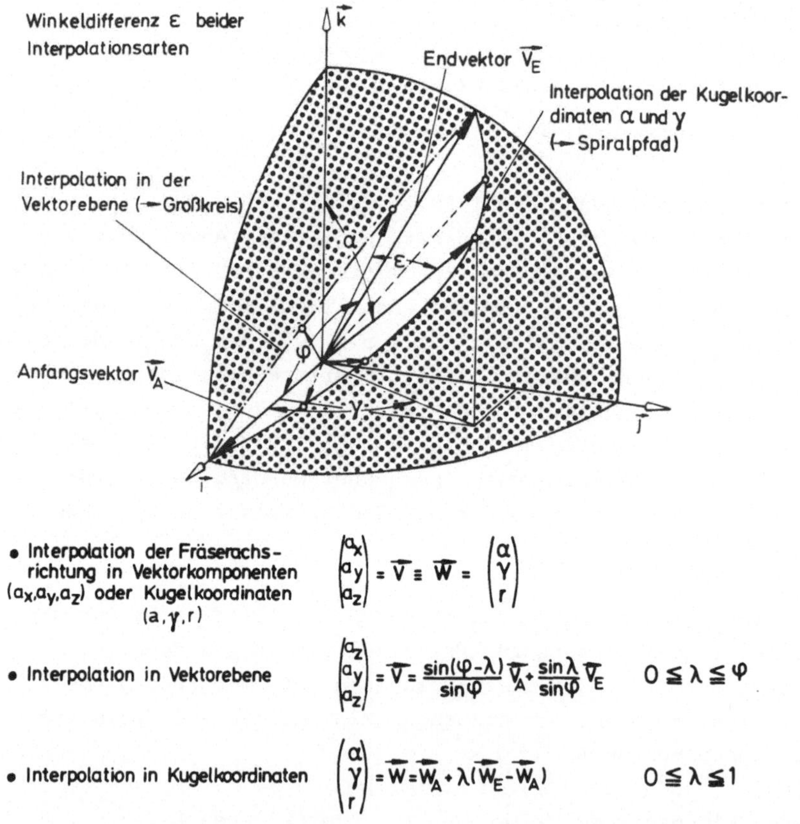

- Interpolation der Fräserachsrichtung in Vektorkomponenten
  (a_x, a_y, a_z) oder Kugelkoordinaten
  (a, γ, r)

$$\begin{pmatrix} a_x \\ a_y \\ a_z \end{pmatrix} = \vec{V} \equiv \vec{W} = \begin{pmatrix} \alpha \\ \gamma \\ r \end{pmatrix}$$

- Interpolation in Vektorebene

$$\begin{pmatrix} a_x \\ a_y \\ a_z \end{pmatrix} = \vec{V} = \frac{\sin(\varphi - \lambda)}{\sin \varphi} \vec{V_A} + \frac{\sin \lambda}{\sin \varphi} \vec{V_E} \qquad 0 \leqq \lambda \leqq \varphi$$

- Interpolation in Kugelkoordinaten

$$\begin{pmatrix} \alpha \\ \gamma \\ r \end{pmatrix} = \vec{W} = \vec{W_A} + \lambda(\vec{W_E} - \vec{W_A}) \qquad 0 \leqq \lambda \leqq 1$$

<u>Bild 7-11</u>: Beispiel für kinematischen Fehler der Fräserachsrich-
tung; maßstäbliche, berechnete Ortskurven der Achsvektoren auf einer Kugel

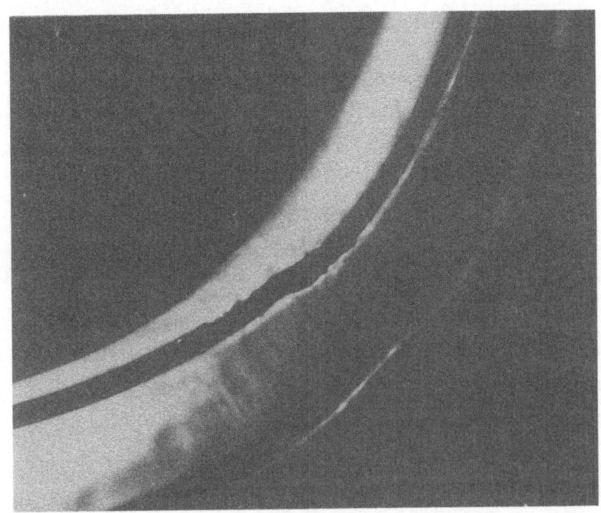

Bild 7-12:

Foto eines kinematischen Fehlers im Nutverlauf des Profilbogens

digkeit entlang der Geraden entspricht eine konstante Winkelgeschwindigkeit und somit gleiche Raumwinkel zwischen interpolierten Fräserachsvektoren.

An einer Fünfachsen-Maschine bewirken aber zwei rechtwinklig zueinander stehende Rotationsbewegungen mit konstanter Winkelgeschwindigkeit die Fräserachsrichtungsänderung. Dies entspricht nicht einer Interpolation in der Vektorebene, sondern einer Interpolation der Kugelkoordinaten. Die Winkeldifferenz ist der kinematische Fehler der Fräserachsrichtung (Bild 7-11).

Praktisch wird der kinematische Fehler von Fräserspitze und Fräserachsrichtung bei Positionierbewegungen so groß, daß Kollisionen mit dem Werkstück auftreten. Während des Fräsereingriffs, bei dem durch die APT-Toleranzangaben viele Fräserpositionen, z. B. in 0,5 mm Abstand, vorgegeben sind, treten besonders deutlich die kinematischen Fehler als Formfehler am Werkstück hervor, wenn sich die Fräserachsrichtung stark ändert. Bild 7-12 zeigt einen solchen Praxisfall: Die Nut kippt auf kurzer Strecke über den Scheitelbereich ab; dabei entstehen Formfehler, kinematische Fehler.

7.4.1 Berechnung und Korrektur mit größerer Punktdichte

Im Postprozessor können die kinematischen Fehler, die am Werkstück entstehen, nicht berechnet werden. Berechnet werden kann
nur die Abweichungskurve der Fräserspitze und die Winkelfehler
der Fräserachsrichtung. Die Differenz von berechenbarem und
wirklichem Fehler zeigt ein ebenes Beispiel, das versuchsweise
gefräst und berechnet wurde, wobei ein Schnitt durch die Bahn
der Fräserspitze gelegt wurde. Bild 7-13 zeigt zum Vergleich
den berechneten und wirklichen, gemessenen Fehler in maßstabs-
getreuer Darstellung. Selbst in diesem sehr einfachen kinematischen Fall ist der maximale wirkliche Fehler am Werkstück 20 %
größer als der berechnete.

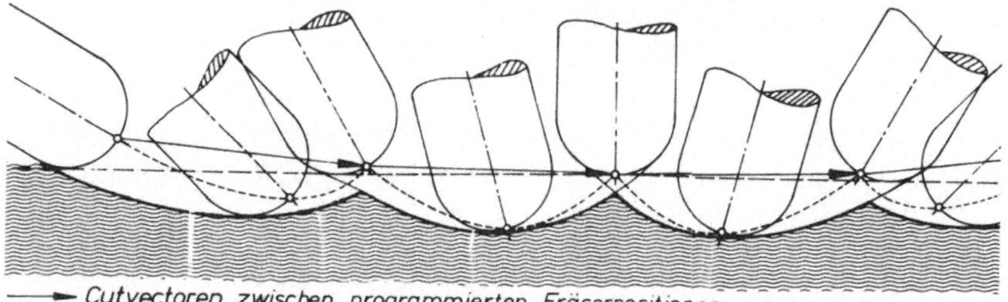

<u>Bild 7-13:</u> Vergleich von wirklichem und berechnetem kinemati-
schem Fehler

Ein geeignetes Maß für die Größe dieses berechenbaren maximalen
kinematischen Fehlers (vgl. Bild 7-10) ist der senkrechte Cut-
vector-Abstand des Puktes, der nach der halben Verfahrzeit von
einer Fräserposition zur anderen erreicht wird. Ist dieser maximale Abstand kleiner als die Cutvector-Länge, so muß die räumliche Entfernung zum Sollpunkt genommen werden.

Die Fräserposition auf der Abweichungskurve berechnet der Postprozessor durch eine Simulationsrechnung wie folgt: Zwei vorgegebene Fräserpositionen im Werkstückkoordinatensystem werden zu
Achskoordinaten umgerechnet, das arithmetische Mittel von je
zwei Achskoordinaten in jeder Achse (die nach der halben Verfahrzeit erreicht werden) wird wieder ins Werkstückkoordinatensystem zurücktransformiert.

Der Abstand dieses zurücktransformierten Punktes zum Cutvektor
ist der kinematische Fehler der Fräserspitze, die Winkeldifferenz zur in der Vektorebene interpolierten Achsrichtung ist der
kinematische Fehler der Fräserachsrichtung (vgl. Bild 7-10).

Sind die kinematischen Fehler kleiner als ein vorgegebene Tole-

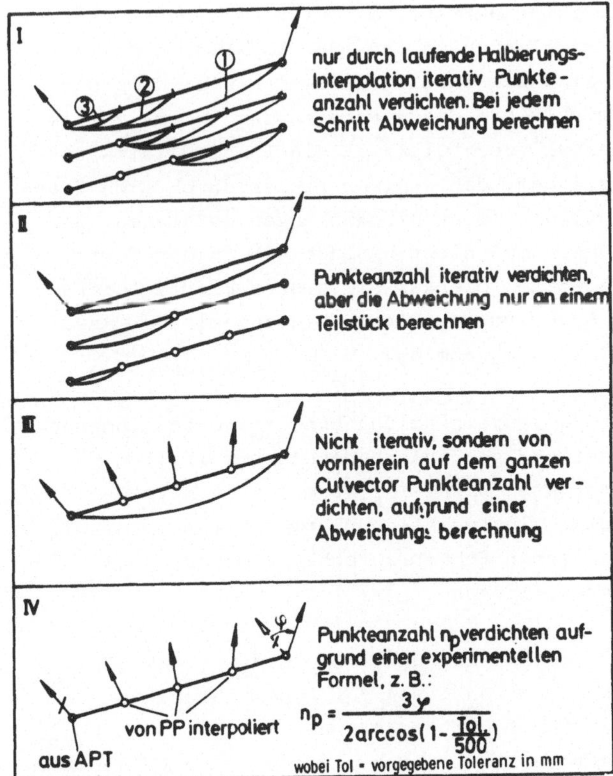

$$n_p = \frac{3\gamma}{2\,\arccos(1-\frac{Tol}{500})}$$

Bild 7-14:

Methoden, die
notwendige Punkt-
dichte für die
Transformation
zu Achskoordina-
ten zu bestimmen,
um den kinemati-
schen Fehler in-
nerhalb der Tole-
ranz zu halten

ranz, so gibt es zwei Strategien, von APT berechnete Punkte
"auszusieben" ⌐ 11, 21, 67, 65 ⌐. Die Berechnung für das Aus-
sieben ist teuer; dem steht nur der Vorteil kürzerer Steuerlochstreifen gegenüber. Diese Strategien wurden deshalb nicht
weiter betrachtet.

Ist der kinematische Fehler zu groß, so kann er verkleinert werden indem die Punktdichte erhöht, d. h. Fräserpositionen zwischen den vorgegebenen APT-Fräserpositionen interpoliert werden.
Um lange und teuere Fehlerberechnungen als Kriterium für die
Punktdichte zu vermeiden, wurden hier aus den in Bild 7-14 dargestellten Fällen I und II die Vereinfachungen III und IV entwickelt. Diese Methode geht nicht iterativ vor, sondern aufgrund _einer_ Fehlerberechnung bestimmt sie die Punktdichte.

Ein weiteres Problem ist die Frage, mit welcher programmierten
Toleranz der Fehler verglichen werden muß. In APT und seitherigen Postprozessoren sind die in Bild 7-15, I und II dargestellten Bedingungen verwirklicht. Sie wurden zu der Toleranzbeding-
ung III dieses Bildes weiterentwickelt, die für den Teileprogrammierer den Vorteil hat, daß weniger Fehler durch sich über-
lagernde, unübersichtliche Toleranzbedingungen entstehen: Der
Teileprogrammierer übernimmt nicht einfach die in der Fertigungszeichnung vorgegebene Toleranz als programmierte Toleranz,
sondern gibt nur 50 % der vorgegebenen Toleranz mit der Anwei-
sung OUTTOL/... im Teileprogramm an.

Ein weiterer Schritt der Vereinfachung und der Kostenminderung
ist, die rechenzeitaufwendige Fehlerberechnung wegfallen zu
lassen und die Punktdichte durch eine Formel zu ermitteln. Dies
gelang trotz aufwendiger Testreihen nur soweit, daß i. a. die
berechenbaren kinematischen Fehler zwischen dem Wert (0,1 . Toleranz) und der Toleranz liegen.

Der Formel liegt der Gedanke zugrunde, daß die Ursache für den
kinematischen Fehler die Veränderung der Achsrichtung ist, und
daß der Drehpunkt der Achsrichtungsänderung nicht in der Fräserspitze liegt. Die Entfernung der Drehpunkte von der Fräserspit-

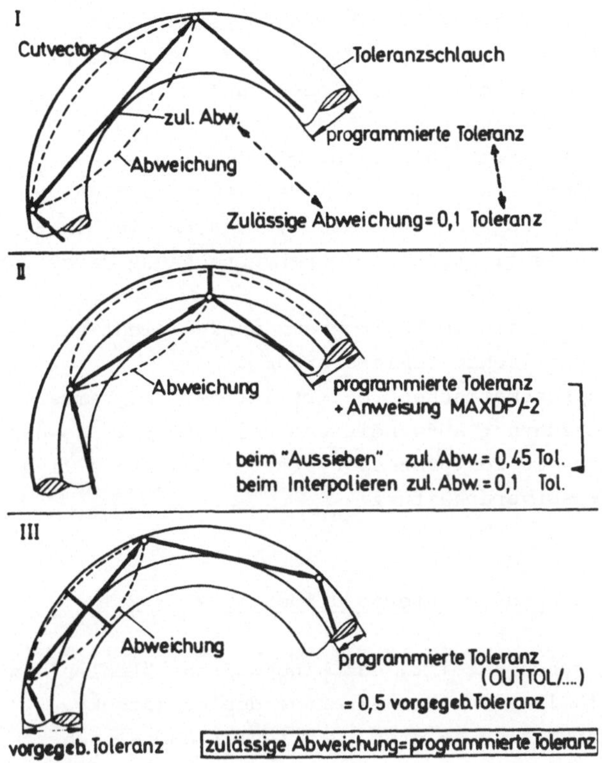

Bild 7-15:
Vergleichsfälle der in APT programmierten Toleranz für die Lage der Cutvectors. Die Lage des Cutvector bestimmt, welche Abweichung (hier der kinematische Fehler der Fräserspitze) noch zulässig ist

ze beträgt als Schwenkkopfradius und als Entfernung vom Drehtischmittelpunkt maximal etwa 500 mm. Für die Versuchsfräsmaschine wurde die Formel in Bild 7-14, IV ermittelt.

Prinzipiell ist es nun gleichgültig, wo diese Interpolation der Werkstückkoordinaten vorgenommen wird, im Postprozessor oder in der CNC. Auf jeden Fall muß sie vor der Transformation zu Achskoordinatenwerten erfolgen. Die Verlagerung dieser Interpolation und damit auch der Transformation zu Achskoordinatenwerten in die numerische Steuerung führt zum "verbesserten NC-Datenfluß" in Abschnitt 8.

Alle Berechnungen des kinematischen Fehlers haben aber immer drei entscheidende Nachteile:
- Man weiß erst nach einem genau vermessenen Frästest sicher,

ob die kinematischen "Fehler" die Werkstückgenauigkeit ver-
bessern oder verschlechtern. Bei einiger Erfahrung und glatten Flächen sind sie auch mit dem bloßen Auge zu erkennen.
- Der berechnete Fehler kann erhebliche Differenzen zum wirklichen Fehler am Werkstück aufweisen.
- Eine Veränderung der Aufspannlage des Werkstücks auf dem Maschinentisch und des Schwenkkopfradius verändern die kinematischen Fehler wesentlich. Eine Korrekturrechnung davor ist
  also sinnlos.
- Manuell korrigierte Daten im NC-Programm werden nicht von der
  Kontrolle des kinematischen Fehlers erfaßt.
- Die Kontrolle des kinematischen Fehlers ist bei Programmer-
  stellung und Durchführung aufwendig und kostspielig, so daß
  die Rechenzeit für die Postprozessorverarbeitung höher liegt
  als für die Prozessorverarbeitung.

7.4.2 Korrektur durch andere Interpolationsart

Praktische Versuche haben gezeigt, daß kinematische "Fehler" in
vielen Bearbeitungsfällen eine Verbesserung der Werkstückge-
stalt bringen. Weitere Fälle zeigten, daß Fehler durch noch so
große Punktdichte nicht verkleinert werden konnten. Dies führte
zu der hier entwickelten Interpretation der Fehleranalyse, daß
kinematische Fehler nicht nur eine Frage der Punktdichte, sondern auch der Interpolationsart und der Zuordnung von Interpolationsarten im NC-Datenfluß sind.

Der APT III-Prozessor nimmt immer eine Linearinterpolation an.
Bei der Fräserspitze ist dies eine Gerade, bei der Fräserachsrichtung die Ebene zwischen zwei Achsvektoren (Bild 7-11). Für
manche Werkstücke, z. B. für solche mit Rotationsflächen wie in
Bild 3-16 und 3-22, führen eine Kreisinterpolation der Fräserspitze und Kugelkoordinateninterpolation der Fräserachsrichtung
zu kleineren Abweichungen von der idealen Fräsbahn, gleichgültig, ob durch Drehtisch- und Schwenkkopfdrehung oder durch numerische Interpolation durchgeführt.

Diese Kugelkoordinateninterpolation verwirklicht die Versuchsfräsmaschine durch Interpolation der Achskoordinatenwerte von
B und C´ in der Steuerung. Diese Interpolationsart ist aber in
keiner NC-Programmiersprache vorgesehen. Unter dem Gesichtspunkt der richtigen Zuordnung der Interpolationsart wird auch
der kinematische Fehler der Fräserachsrichtung besser verständ-
lich:

Er entsteht dadurch, daß der APT-Prozessor eine Interpolation
in der Achsvektorebene voraussetzt, die Steuerung aber durch
Interpolation der Achskoordinaten von B und C´ eine Kugelkoordinateninterpolation durchführt.

Ein häufiger Sonderfall des kinematischen Fehlers kann auch
durch noch so dichte Punktfolge nicht eliminiert werden: Der
Start aus senkrechter Position (Bild 7-16). Bei senkrechter
Stellung des Achsvektors ist der Drehtischwinkel γ undefiniert,
in der Praxis wird er Null oder gleich dem vorhergehenden Winkel gesetzt bzw. programmiert. Die erste interpolierte Position
erfordert einen großen Winkelschritt bei γ und einen kleinen

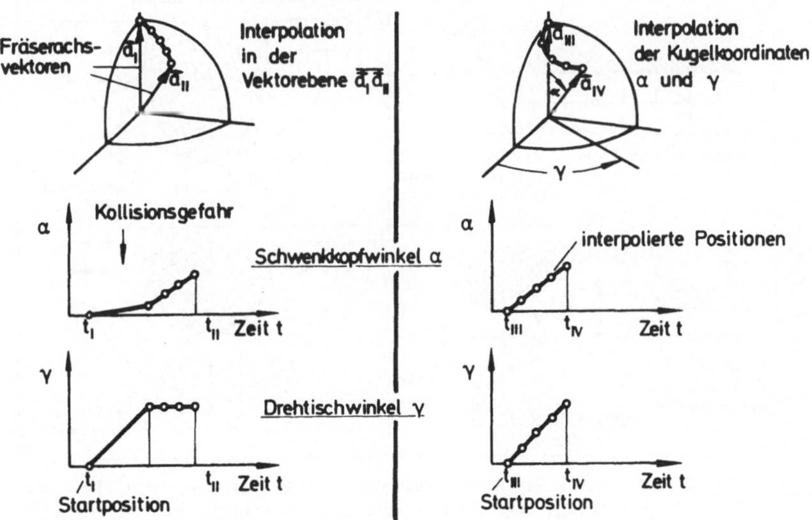

Bild 7-16: Sonderfall eines kinematischen Fehlers beim Start
aus senkrechter Position

Winkelschritt **α** . Das bedeutet Kollisionsgefahr, weil zuerst
der Drehtisch ganz dreht und dann für alle anderen interpolierten Positionen auf diesem Wert bleibt.

Die angeführten Beispiele zeigen, daß ein kinematischer Fehler
am Werkstück dann besonders groß wird,
- wenn die Interpolation zwischen den Fräserpositionen nicht
  der Werkstückoberfläche angepaßt und
- wenn die Interpolation der Fräserachsrichtung der Interpolation der Fräserspitze nicht richtig zugeordnet wird.

Im allgemeinen entstehen genauere Werkstücke (Bild 7-17), wenn
die Linearinterpolation der Fräserspitze der Vektorebeneninterpolation der Fräserachsrichtung zugeordnet wird (I) und die
Kreisinterpolation der Kugelkoordinateninterpolation (IV).
Dabei ist es gleichgültig, ob diese Interpolationen numerisch im
Prozessor oder im Postprozessor oder in der Steuerung oder kinematisch durch Maschinenbewegungen durchgeführt werden.

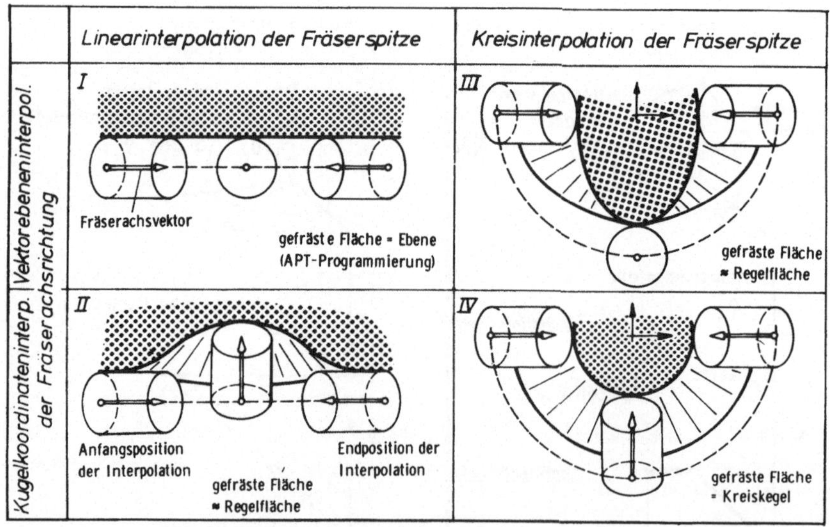

Bild 7-17: Beispiele für Kombinationen von Linear- und Kreisinterpolation der Fräserspitze mit Kugelkoordinaten-
und Vektorebeneninterpolation der Fräserachsrichtung
bei gleichen Anfangs- und Endpositionen (Draufsicht)

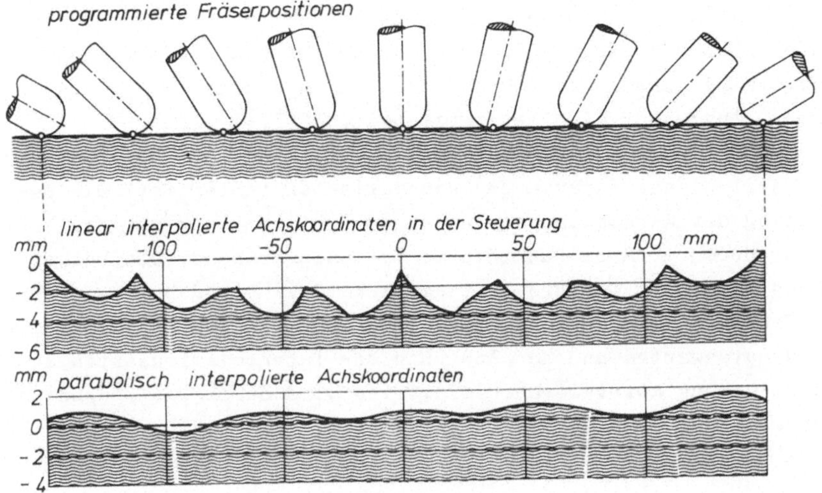

<u>Bild 7-18:</u> Kinematische Fehler (überhöht) bei linearer und
parabolischer Interpolation; gleichmäßige Abstände
der Kontaktpunkte

Auf einer ganz anderen Ebene liegt die Interpolation der Achskoordinaten in der Steuerung. Für das fünfachsige Fräsen sind es
die lineare und die parabolische Interpolation, wobei die lineare ein Sonderfall der parabolischen ist. Letztere interpoliert
zwischen drei Achskoordinatenwerten über der Zeit in jeder Ach-
se eine Kurve 2. Ordnung $\mathcal{L}$ 43 $\mathcal{J}$. Dies bewirkt beim fünfachsigen
Fräsen, daß die wirkliche Fräsbahn geringere kinematische Abweichungen von der Geraden hat, als bei linearer Interpolation.

Ein einfaches ebenes Beispiel, das gefräst und ausgemessen wurde, zeigt in Bild 7-18 den Vergleich: Bei gleichen Fräserposi-
tionsdaten ergibt die parabolische Interpolation in der Steuerung geringere Abweichungen von der programmierten geraden Kon-
tur als die lineare Interpolation der Achskoordinaten.

Beim fünfachsigen Fräsen mit dem verbesserten NC-Datenfluß (vgl.
Abschnitt 8) ist die Interpolation der Achskoordinaten nicht
mehr notwendig. Deshalb ist sie dort nur für dreiachsige Fälle

vorgesehen, denn beim dreiachsigen Fräsen kann die parabolische
Interpolation eine Kurve 2. Ordnung im Raum und in den projizie-
renden Ebenen erzeugen. Dadurch können gekrümmte Fräsbahnen aus
einer Reihe geradliniger Cutvectors einen glatteren Verlauf bekommen. Angewandt wird letzteres bei [76].

Das Fazit dieser Analyse der kinematischen Fehler ist: Die Berechnung der kinematischen Fehler im Postprozessor und die Korrektur durch größere Punktdichte ist unzureichend. Die bessere
Lösung erfordert den Frästest am Werkstück. Die dabei auftretenden Fehler sollten durch Änderung der Punktdichte von Werkstück-
koordinatenwerten und der Änderung der Interpolationsarten an
der Steuerung korrigierbar sein. Dies wird durch das Konzept des
verbesserten NC-Datenflusses angestrebt.

7.5 Der Korrekturfluß

Der Korrekturfluß fließt dem NC-Datenfluß entgegen (Bild 7-19)
und ist stark verzweigt. Ein Teil des Korrekturflusses führt
ausgewertete Erfahrungen in den NC-Datenfluß zurück und verändert die Verarbeitungsprogramme, indem er Fehler in ihrer Wirkung abschwächt, z. B. bei kinematischen Fehlern, Freischneide-
effekten und Umkehrspannen. Dieser Teil des Korrekturflusses
ist während der Entwicklungsphase des fünfachsigen Fräsens und
bei der Einführung in den Betriebsablauf von Bedeutung.

Ein zweiter Teil, der im folgenden näher betrachtet wird, ist
die Korrektur von Programmierfehlern, organisatorischen und ge-
rätetechnischen Fehlern und Unzulänglichkeiten. Hier werden beim
Testen die Daten des NC-Datenflusses korrigiert.

Dieses Testen an der Maschine ist beim fünfachsigen Fräsen unum-
gänglich, da das räumliche Vorstellungsvermögen des Teilepro-
grammierers überfordert wird, keine eindeutigen Daten der Zerspanung für diese Fälle vorliegen und die Steifigkeit von Werkstück, Fräser, Vorrichtung und Maschine zusammen mit den auftretenden Schnittkräften nicht hinreichend genau abgeschätzt wer-

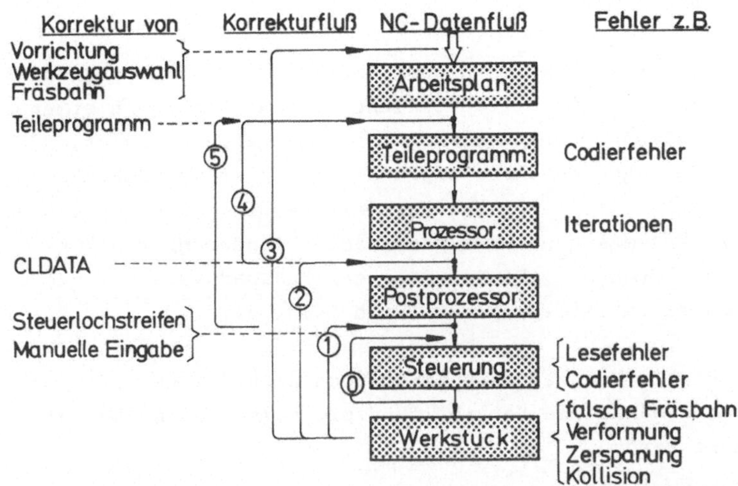

<u>Bild 7-19:</u> Seitheriger Daten- und Korrekturfluß bei der NC-
Programmierung

den können. Entsprechend den Informationsquellen und Korrektur-
stellen hat der Korrekturfluß fünf Teilflüsse.

Der Arbeitsplan, in die rechnergeeignete Form des Teileprogramms
gebracht, wird vom APT-Prozessor verarbeitet. Meldet er Fehler,
z. B. Codierfehler, Syntaxfehler oder ungeeignete Fahranwei-
sungen, so muß der Teileprogrammierer das Teileprogramm ändern
(Bild 7-19, 4).

Ist dann ein fehlerfreies CLDATA die Ausgabe, so verarbeitet
als nächstes der Postprozessor die NC-Daten. Meldet er Fehler,
z. B. falsches Postprozessorwort oder Arbeitsbereich überschrit-
ten oder unzulässig große Geschwindigkeitssprünge oder gefähr-
licher Bohrschnitt, so muß wiederum das Teileprogramm geändert
werden (Bild 7-19, 5). Ein richtiger Postprozessorlauf erzeugt
dann den Steuerlochstreifen.

Erkennt in der Steuerung der Lochstreifenleser Stanzfehler oder
falsche Steuerzeichen, so wird nur der Lochstreifen selbst ge-

ändert (Bild 7-19, 0).

Beim Testfräsen in weichen Werkstoffen, z. B. Styropor, sind
grobe Fehler der Schnittaufteilung und der Kollision erkennbar.
Das Testfräsen im Originalwerkstoff zeigt dann Fehler, die
durch Änderungen des Arbeitsplanes korrigiert werden müssen,
z. B. steifere Vorrichtung, Versteifung des Werkstücks, Änderung des Fräsers und Schwenkkopfradius', Änderung von Vorschub
und Spindeldrehzahl, Veränderung des Fräsbahnverlaufs und der
Eilgangwege im Teileprogramm (Bild 7-19, 3).

Werden die Toleranzen dann immer noch nicht eingehalten, müssen
wie oben erwähnt die Verarbeitungsprogramme des NC-Datenflusses
verändert werden.

Ein großer Teil dieser Testkorrekturen besteht aus
- Fräserpositionen einfügen oder eliminieren,
- die Aufspannlage des Werkstücks auf der Maschine ändern,
- den Schwenkkopfradius ändern und
- vor allem die Vorschubgeschwindigkeit ändern.

Diese Änderungen erfordern beim fünfachsigen Fräsen eine Änderung des CLDATA (Bild 7-19, 2). Es ist dafür das Programmier-
system CONAPT ⌐ 8 ⌐ bekannt, das aber für unsere Untersuchungen
nicht zur Verfügung stand. Der Vorteil dieses Korrekturwegs besteht darin, daß der Prozessorlauf gespart wird und daß Korrekturen möglich sind, die im Teileprogramm schwieriger wären.
Nachteilig ist der zeitlich aufwendige Weg über den Großrechner.

Der Maschinenbedienungsmann kann am Bedienfeld der Steuerung
den programmierten Vorschubwert des Steuerlochstreifens nur bedingt verändern, nämlich durch die Maßstabsfaktoreingabe und
an einem speziellen Potentiometer (override) (Bild 7-19, 1).
Die Vorschubgeschwindigkeit muß dann aber bei jeder Wiederho-
lung des NC-Programms vom Bedienungsmann rechtzeitig verändert
werden, was auf die Dauer untragbar ist.

Die Kosten für das Testen beeinflussen die Wirtschaftlichkeit
beim fünfachsigen Fräsen wesentlich. Dies wird durch ausführ-
liche Kostenerfassungsschemata für den Korrekturfluß deutlich
Γ 74 $\rfloor$: Besonders hohe Kosten fallen an, wenn Steuerung und Maschine im Korrekturzyklus liegen. Zwei Maßnahmen können diese
Kosten aufgrund des hohen Maschinenstundensatzes mindern:

a) Die grafische Kontrolle des Teileprogramms durch Plotter
oder Bildschirm, wenn es wirtschaftlich vertretbar ist. Dies
wird für 2D- und 3D-Probleme vereinzelt durchgeführt Γ 39 $\rfloor$.
Bei den Untersuchungen zum fünfachsigen Fräsen wurden verschiedene Möglichkeiten der grafischen Kontrolle erprobt. Als notwendig erwiesen sich dann (Bild 7-20):
- die Darstellung der Fräsbahn und der Fräserachsrichtung,
- Ansichten in verschiedenen Richtungen,

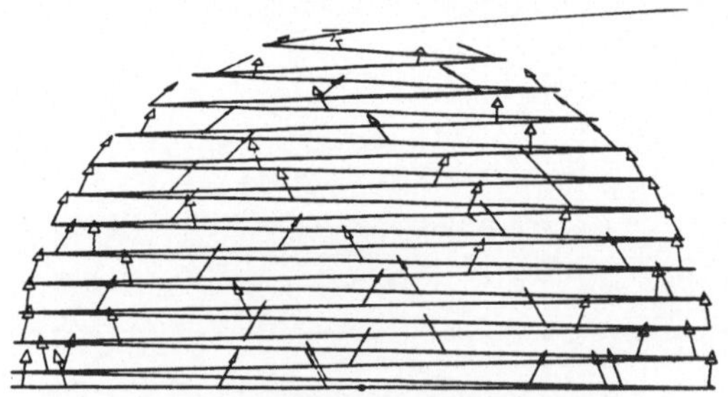

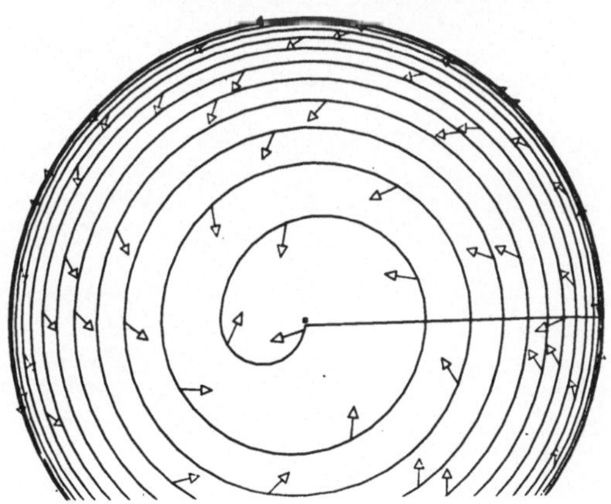

Bild 7-20:

Beispiel für einfa-
che grafische Kon-
trolle von Bahnen
der Fräserspitze
beim fünfachsigen
Fräsen; Seitenan-
sicht und Drauf-
sicht

- Darstellung der Fräserhüllflächen und
- Kollisionskontrolle durch Umrißdarstellung der Maschine.
Weiterführende Untersuchungen befassen sich zur Zeit mit diesem Problemkreis.

b) Kleine Fehler und die technologischen Bedingungen können nicht anhand einer grafischen Darstellung, sondern nur durch Test an der Maschine erkannt werden. Die Bedingungen dafür und ein Konzept für kürzere Testzeiten sollen im verbesserten NC-Datenfluß erläutert werden. Dazu müssen zunächst alle Verarbeitungsschritte des seitherigen NC-Datenflusses betrachtet werden, bei denen die Verbesserung ansetzen soll.

8 Der verbesserte NC-Datenfluß

Der Test des NC-Programms beim fünfachsigen NC-Fräsen und die
Korrekturmöglichkeiten an der Steuerung sind notwendig,
- da Geometrie und Technologie der Werkstücke kompliziert sind,
- da zunehmend teuere Werkstoffe und teuere Rohlinge zerspant
- und da zunehmend schwierig zerspanbare Werkstoffe eingesetzt
  werden.

Diese Tests sind schon bei einfacheren Fällen notwendig / 83 /
und die Testzeit beträgt bei vergleichbaren Bearbeitungszentren
das Dreifache und mehr der Fertigungszeit pro Werkstück.

Der Trend, die häufigsten Fehler schneller und einfacher an der
Steuerung zu korrigieren, ist für das dreiachsige Fräsen schon
seit längerem erkennbar. Dabei wird die Fräser-Werkstück-Zuordnung durch Nullpunktsverschiebung, Radius- und Längenkorrektur
des Fräsers, Interpolationsangabe, maßstäbliches Vergrößern und
Verkleinern, Vorschubänderung und -begrenzung und Korrektur von
Maschinenfehlern beeinflußt.

Diese Eingriffe können beim fünfachsigen Fräsen seither alle
im Postprozessor vorgenommen werden. Sie erfordern aber einen
langen Korrekturfluß (Bild 7-19, 3 oder 2).

Die beim dreiachsigen Fräsen organisatorisch einfachere Korrektur an der Steuerung auch auf das fünfachsige Fräsen anzuwenden
ist nur möglich, wenn der testende Teileprogrammierer in die
Fräser-Werkstück-Zuordnung an der Steuerung eingreifen kann.
Dies ist auf einfache Weise nur dadurch zu verwirklichen, daß
die Steuerung Werkstückkoordinaten einliest und intern die weiteren Interpolationen, Transformationen und Korrekturen der
Achskoordinaten, des Vorschubs und der Spindeldrehzahl vor-
nimmt, die seither großenteils der Postprozessor vollzogen hat,
wenn sich also die Aufgaben innerhalb des NC-Datenflusses verschieben (Bild 8-1). Für dreiachsiges Fräsen ist Fluß II heute
schon üblich, da die Transformation entfällt.

Das fünfachsige Fräsen ist - wie bereits mehrfach dargestellt -

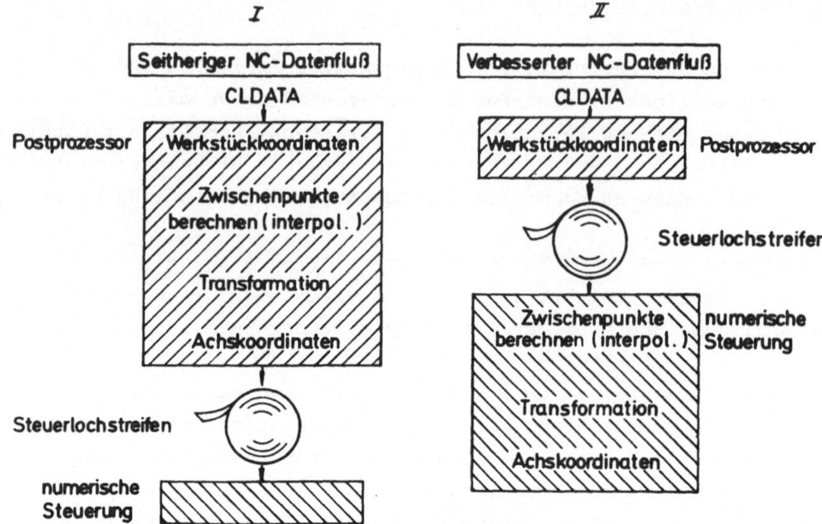

Bild 8-1: Verschiebung der Aufgaben im NC-Datenfluß

der allgemeine Fall der Fräsbearbeitung. Folgerichtig sind die
Verteilung der einzelnen Aufgaben auf die Geräte und Programme,
der Korrekturfluß und die Eingabedaten allgemeingültig zu ge-
stalten. Eine Version für ein einfacheres Fräsverfahren entsteht dann dadurch, daß Programmbausteine vereinfacht oder weggelassen werden.

Weiterhin muß die Struktur auf alle Fünfachsen-Maschinen, Bearbeitungszentren und Dreiachsen-Maschinen vorteilhaft anwendbar
sein. Sie hat zwei Aufgaben: Zum einen die Korrektur des NC-Programms mit den Werkstückkoordinaten an der Steuerung, zum anderen die Verarbeitung dieser Daten durch Interpolation, Transformation und Sollwertkorrektur zu Eingabedaten für die Lageregelkreise und die anderen Steuerungsfunktionen.

Im folgenden wird der Teil des seitherigen NC-Datenflusses dargestellt, aus dem dann der verbesserte NC-Datenfluß entwickelt
wird.

8.1 Transformationskette nach der Fräser-Werkstück-Zuordnung

Die Zuordnung von Fräser und Werkstück wird nach Maßgabe von
geometrischen (vgl. 3.1 bis 3.5), technologischen (vgl. 3.6),
maschinentechnischen (vgl. 5) und wirtschaftlichen Gesichtspunkten (vgl. 6) festgelegt. Der Teileprogrammierer setzt diese Zuordnung mit Hilfe einer Programmiersprache in ein Teileprogramm um, wobei er versucht, die Fehlereinflüsse (vgl. 7)
richtig abzuschätzen und auf das vorgegebene Toleranzmaß zu begrenzen.

Das Prinzip der Fräsbahnprogrammierung besteht darin, daß Flächen definiert werden (Bild 8-2, PS, CS und DS) entlang denen
der Fräser geführt wird. Die APT-Prozessor-Sektion ARELEM berechnet daraus die Lage der Fräserspitze ($\vec{p}_1$) und die Richtung
der Fräserachse ($\vec{a}_1$). Die weitere Verarbeitung dieser geometrischen Daten ist eine Kette von Transformationen bis zu den Soll-
werten für die Lageregelkreise.

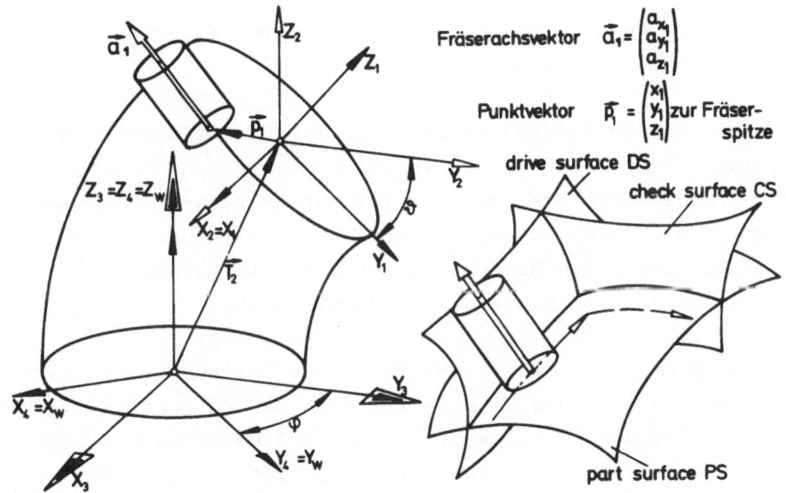

Bild 8-2: Beschreibung der Fräserposition ($\vec{a}_1$, $\vec{p}_1$) im Werkstückkoordinatensystem (Index W).

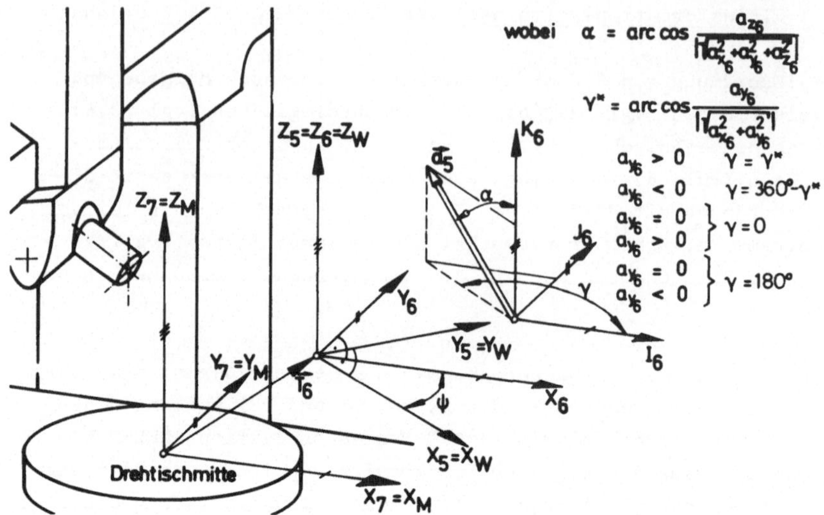

Bild 8-3: Lage des Werkstück- zum Maschinenkoordinatensystem, d. h. Aufspannlage des Werkstücks

Die geometrischen Daten werden ergänzt durch Vorschubangaben, Wegbedingungen und Zusatzfunktionen $\mathcal{L}$ 19 $\mathcal{J}$.

Die Kette von Transformationen (Bild 8-2 bis Bild 8-5), die sich anschließt, ist eine Folge von Drehungen und Schiebungen der Koordinatensysteme, dargestellt durch Transformationsmatrizen und den Wechsel zu geeigneterer Koordinatendarstellung. Die Drehungen sind durch Multiplikation mit Rotationsmatrizen, die Schiebungen durch Vektoraddition darstellbar.

Die Transformationskette sieht für jedes Teileprogramm, jede Steuerung und jede Maschine anders aus. Das folgende allgemeine Beispiel, dem die fünfachsige Versuchsfräsmaschine und praktische Werkstückbearbeitungen zugrunde gelegt sind, enthält alle wesentlichen Elemente. Einfachere Fälle ergeben sich dadurch, daß Rotationsmatrizen $\vec{R}$ zu Einheitsmatrizen und/oder die Verschiebungsvektoren $\vec{T}$ zu Nullvektoren und/oder die Fräserachsrichtungsvektoren $\vec{a}$ parallel zu einer Fräsmaschinenachse sind.

	Nr.	Lage der Fräserspitze in kartesischen Koordinaten	Richtung der Fräserachse in Vektorkomponenten	Beispiel der Rotationsmatrix oder des Verschiebungsvektors	Programmierbar im APT-System z. B. durch
	0	$\vec{P}_1 = \begin{pmatrix} x_1 \\ y_1 \\ z_1 \end{pmatrix}$	$\vec{a}_1 = \begin{pmatrix} a_{x_1} \\ a_{y_1} \\ a_{z_1} \end{pmatrix}$		GOTO/ $x_1 , y_1 , z_1 , a_{x_1}, a_{y_1}, a_{z_1}$ PSIS/ PS oder TLAXIS/ NORMPS TLRGT, GOFWD/ DS, TO , CS
Berechnung der Werkstückkoordinatenwerte	1	$\vec{P}_2 = \vec{R}_1 \vec{P}_1$	$\vec{a}_2 = \vec{R}_1 \vec{a}_1$	$\vec{R}_1 = \begin{pmatrix} 1 & 0 & 0 \\ 0 & \cos\vartheta & \sin\vartheta \\ 0 & -\sin\vartheta & \cos\vartheta \end{pmatrix}$	REFSYS/ (R1-MATRIX/ YZROT, ϑ) oder ROTHED/ ATANGL,ϑ, ROTREF
	2	$\vec{P}_3 = \vec{P}_2 + \vec{T}_2$	$\vec{a}_3 = \vec{a}_2$	$\vec{T}_2 = \begin{pmatrix} a_2 \\ b_2 \\ c_2 \end{pmatrix}$	REFSYS/ (T2-MATRIX/ TRANSL,$x_{0_2}, y_{0_2}, z_{0_2}$) oder TRANS/ $x_{0_2}, y_{0_2}, z_{0_2}$
	3	$\vec{P}_4 = \vec{R}_3 \vec{P}_3$	$\vec{a}_4 = \vec{R}_3 \vec{a}_3$	$\vec{R}_3 = \begin{pmatrix} \cos\varphi & -\sin\varphi & 0 \\ \sin\varphi & \cos\varphi & 0 \\ 0 & 0 & 1 \end{pmatrix}$	REFSYS/ (R3-MATRIX/ XYROT, $-\varphi$) oder ROTABL/ ATANGL, $-\varphi$, ROTREF
	4	Maßstab m $\vec{P}_5 = \vec{R}_4 \vec{P}_4$	$\vec{a}_5 = \vec{a}_4$	$\vec{R}_4 = \begin{pmatrix} m & 0 & 0 \\ 0 & m & 0 \\ 0 & 0 & m \end{pmatrix}$	TRACUT/ (R4-MATRIX/ SCALE, m)
Aufspannung des Werkstücks auf Maschine	5	$\vec{P}_6 = \vec{R}_5 \vec{P}_5$	$\vec{a}_6 = \vec{R}_5 \vec{a}_5$	$\vec{R}_5 = \begin{pmatrix} \cos\psi & \sin\psi & 0 \\ -\sin\psi & \cos\psi & 0 \\ 0 & 0 & 1 \end{pmatrix}$	REFSYS/ (R5-MATRIX/ XYROT, ψ) oder TRACUT/ (R5-MATRIX/ XYROT, ψ)
	6	$\vec{P}_7 = \vec{P}_6 + \vec{T}_6$	$\vec{a}_7 = \vec{a}_6$	$\vec{T}_6 = \begin{pmatrix} x_{0_6} \\ y_{0_7} \\ z_{0_8} \end{pmatrix}$	REFSYS/ (T6-MATRIX/ TRANSL,$x_{0_6} \cdot y_{0_6} \cdot z_{0_6}$) oder ORIGIN/ $x_{0_6} \cdot y_{0_6} \cdot z_{0_6}$
Berechnung der Achskoordinatenwerte	7	$\vec{P}_8 = \vec{R}_7 \vec{P}_7$	$\vec{a}_8 = \vec{R}_7 \vec{a}_7 = \begin{pmatrix} a_{x_7} \\ 0 \\ a_{z_7} \end{pmatrix}$	$\vec{R}_7 = \begin{pmatrix} \cos(180-\gamma) & \sin(180-\gamma) & 0 \\ -\sin(180-\gamma) & \cos(180-\gamma) & 0 \\ 0 & 0 & 1 \end{pmatrix}$	ROTABL/ ATANGL, (180-γ)
	8	$\vec{P}_9 = \vec{P}_8 + \vec{T}_8$		$\vec{T}_8 = -r_{wz} \begin{pmatrix} \sin\alpha \\ 0 \\ 1-\cos\alpha \end{pmatrix}$	ROTHED / ATANGL,α
	9	Umrechnung auf Eingabeeinheiten $\vec{P}_{10} = \vec{R}_9 \vec{P}_9 =$		$\begin{pmatrix} 100 & 0 & 0 & 0 & 0 \\ 0 & 100 & 0 & 0 & 0 \\ 0 & 0 & 100 & 0 & 0 \\ 0 & 0 & 0 & 10^6/2\pi & 0 \\ 0 & 0 & 0 & 0 & 10^6/2\pi \end{pmatrix} \begin{pmatrix} x_9 \\ y_9 \\ z_9 \\ \alpha_9 \\ \gamma_9 \end{pmatrix}$	
	10	Bezug auf Nullpunkt des Meßsystems $\vec{P}_{11} = \vec{V}_{10} + \vec{T}_{11} =$		$\begin{pmatrix} x_{10} \\ y_{10} \\ z_{10} \\ \alpha_{10} \\ \gamma_{10} \end{pmatrix} + \begin{pmatrix} x_0 \\ y_0 \\ z_0 \\ \alpha_0 \\ \gamma_0 \end{pmatrix}$	
	11	Umrechnung auf Meßsystemeinheiten $\vec{P}_{12} = \vec{R}_{11} \vec{V}_{11} =$		$\begin{pmatrix} 4 & 0 & 0 & 0 & 0 \\ 0 & 4 & 0 & 0 & 0 \\ 0 & 0 & 4 & 0 & 0 \\ 0 & 0 & 0 & 1 & 0 \\ 0 & 0 & 0 & 0 & 1 \end{pmatrix} \begin{pmatrix} x_{11} \\ y_{11} \\ z_{11} \\ \alpha_{11} \\ \gamma_{11} \end{pmatrix}$	

Bild 8-4:

Transformationskette von der Fräserposition relativ zu einem beliebigen Beschreibungskoordinatensystem (Index 1) bis zu den Meßsystemeinheiten der numerischen Steuerung (Index 12)

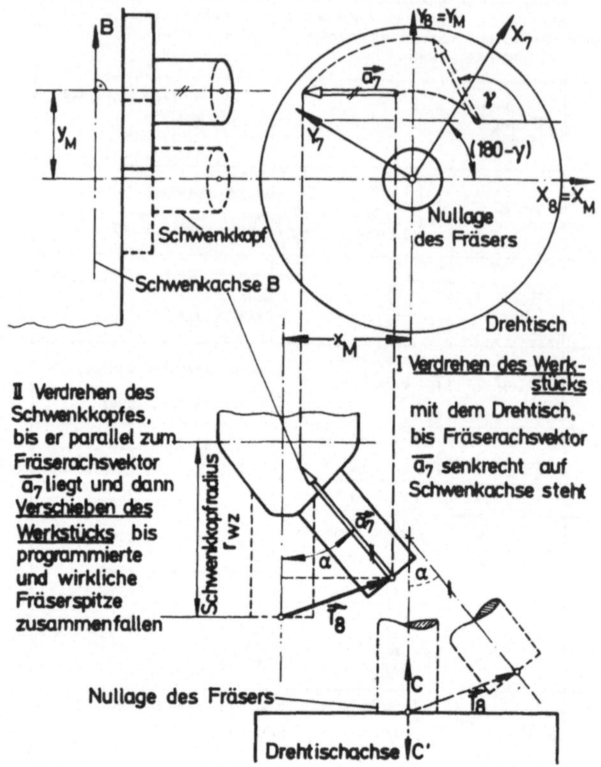

Bild 8-5:

Bestimmung der
Achskoordinatenwerte aus einer
Drehung und
einer Schiebung

Die ARELEM-Sektion von APT berechnet die Fräserposition relativ
zu den Flächen PS, DS und CS in einem beliebigen Beschreibungskoordinatensystem (Bild 8-2, Index 1). Die Daten müssen zum Aus-
gangskoordinatensystem in APT, dem Werkstücksystem (Index W) zu-
rückgerechnet werden. Die Transformationen 1, 2 und 3 (Bild 8-4)
berechnen die Werkstückkoordinaten (Index 4 = Index W).

Für viele Testfälle, bei denen die Werkstücke sehr groß und
teuer oder der Werkstoff teuer sind, bei der Modellherstellung
für das Nachformfräsen und bei manchen Baureihen kann es vorteilhaft sein, diese CLDATA maßstäblich zu verkleinern oder zu
vergrößern (Bild 8-4, Transformation 4). Dabei muß in den meisten Fällen auch das programmierte Werkzeug maßstäblich verkleinert oder vergrößert werden. Es ist jedoch dabei zu beachten, daß bei geometrischer Ähnlichkeit im Normalfall technolo-

gisch keine Ähnlichkeit besteht, da der durch das Cauchy sche
Modellgesetz $\lfloor 53 \rfloor$ definierte Zusammenhang <u>nicht</u> gegeben ist:

Es beschreibt das Verhältnis der Maßstabsgrößen m von Modell zu
Original für die Kräfte (m_K), die Geschwindigkeit (m_v), die Zeit
(m_t), den Elastizitätsmodul (m_E), die Dichte (m_d) und die Länge
(m_L). Wird angenommen, daß vorwiegend elastische und eingepräg-
te Kräfte den Zerspanvorgang bestimmen, so sind drei der sechs
Maßstabsgrößen wählbar. Die anderen werden durch folgende Gleichungen beschrieben:

$$m_v = \sqrt{m_E/m_d}$$
$$m_K = m_E \, m_L^2$$
$$m_t = m_L \sqrt{m_d/m_E}$$

Ein Sonderfall der Maßstabprogrammierung ist die Spiegelung von
Koordinatenwerten der Fräserpositionen, um symmetrische linke
und rechte Teile, z. B. Flugzeug- und Karosserieteile, mit dem
gleichen Teileprogramm zu erzeugen. Auch hier gibt es eine Einschränkung: Programmabläufe mit rechtsschneidenden rechtsdre-
henden Fräsern müssen bei Spiegelung der Geometrie durch links-
schneidende linksdrehende Fräser ersetzt werden, sonst wird
Gleichlauffräsen zum Gegenlauffräsen und umgekehrt. Hinsichtlich Betriebssicherheit und Kosten ist diese Vereinfachung der
Programmierung ungeeignet.

Das Werkstücksystem, meist bezogen auf geeignete Aufnahmepunkte
des Rohlings, muß in einer definierten Lage bezüglich der Maschine aufgespannt werden. Für das Maschinenkoordinatensystem
(Bild 8-3, Index M) wird bei der Versuchsfräsmaschine der Drehtischmittelpunkt gewählt, da er für das Ausrichten des Werkstücks und die anschließende Achskoordinatenberechnung geeignet
ist. Mit den Transformationen 5 und 6 in Bild 8-4 können Werk-
stück- zu Maschinenkoordinaten umgerechnet werden.

Der Übergang von der Vektordarstellung zur Kugelkoordinatendar-
stellung der Fräserachsrichtung ist für die weiteren Berechnungen zweckmäßig und wird mit den Formeln in Bild 8-3 durchge-

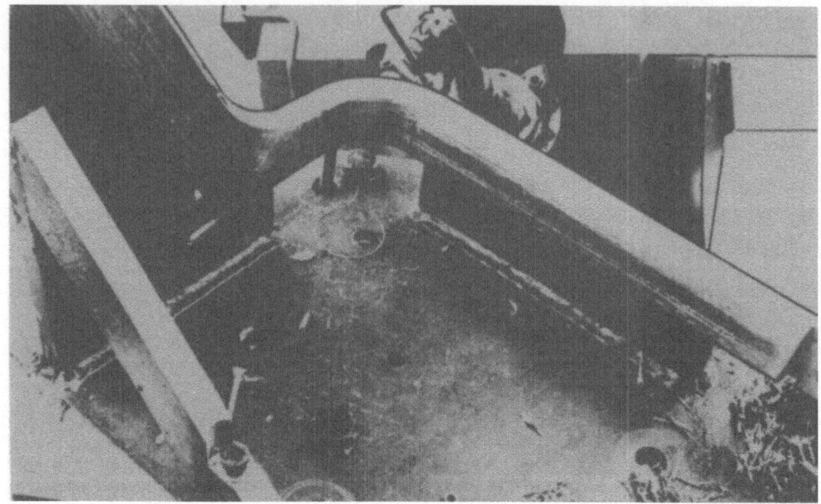

<u>Bild 8-6:</u> Beispiel für gekippte und verdrehte Aufspannung des
Werkstücks auf dem Drehtisch. Grund: Geeignete Zuord-
nung der Werkstückoberfläche zum Arbeitsbereich der
Maschine

führt. Bild 8-6 zeigt dazu ein praktisches Beispiel für eine
komplizierte Aufspannlage.

Die Maschinenkoordiantenwerte müssen nun zu Achskoordinatenwerten umgerechnet werden. Diese liest die CNC vom Steuerlochstreifen ein. Zu ihrer Berechnung sind zwei weitere Transformationen
nötig (Bild 8-4 und 8-5): Der Drehtisch dreht das Werkstück so
weit, bis der Fräserachsvektor in einer Ebene parallel zur
Schwenkebene des Schwenkkopfes liegt (Bild 8-5, I und Transformation 7 in Bild 8-4).

Der Schwenkkopf kann nun die Fräserachse parallel zum Fräserachsvektor drehen. Eine Schiebung $\vec{T}_8$ in X- und Z-Richtung läßt
programmierte und wirkliche Fräserstellung zusammenfallen. Die
weiteren Transformationen (9, 10 und 11) sind nur noch Nullpunktsverschiebung und Umrechnung der Einheiten für Eingabefein-
heit und Meßsystem.

Der Teileprogrammierer kann die Transformationen 1 bis 8 durch
verschiedene APT-Prozessor- und Postprozessorworte programmieren, von denen fast alle redundant sind (Bild 8-4, Spalte 5).
Aufgrund des Aufwands im Postprozessor und der Fehlergefahr
ist es vorteilhaft, die Postprozessorworte ROTHED, ROTABL,
TRANS und ORIGIN nicht zu benutzen.

Aus programmiertechnischen Gründen oder um die Lochstreifener-
stellung zu vereinfachen, benutzt der Teileprogrammierer manchmal die Möglichkeit, bei der Bearbeitung des Werkstücks andere
Fräserdurchmesser, andere Fräserlängen und andere Nullpunkte an
der Maschine zu verwenden, als programmiert wurden. Dadurch entstehen eventuell Aufmaße am Werkstück für die letzte Schlichtbearbeitung, oder es können mehrere Schnittiefen mit demselben
NC-Programm gefahren werden. Organisatorische Vereinfachungen
und die Betriebssicherheit sprechen gegen solche Manipulationen.

8.2 Zweideutigkeit der Transformation zu Achskoordinaten

Die Transformation der Maschinenkoordinaten zu Achskoooordinaten
ist bei manchen Fünfachsen-Maschinen nicht eindeutig [52].
Ein spezieller Fall davon ist die Zweideutigkeit der Fräserachsrichtung an der Versuchsfräsmaschine (vgl. Bild 5-1). Die Zweideutigkeit bedeutet, daß eine eindeutige Fräser-Werkstück-Zuordnung durch zwei Werkstück-Maschine-Zuordnungen realisiert werden kann. Da dies in der Anwendung des fünfachsigen Fräsens
häufig Schwierigkeiten gab, mußte das Problem untersucht werden:

Bei der Versuchsfräsmaschine läuft die Zweideutigkeit auf die
Frage hinaus, in welchem Falle man mit dem Fräser im positiven
Quadranten, in welchem im negativen Quadranten arbeiten und in
welchem er den Quadranten wechseln muß (Bild 8-7). Für eine einzelne Fräserposition sind der positive und negative Schwenkkopf-
quadrant fast gleichwertig. Im negativen Schwenkkopfquadranten
gibt es jedoch leicht Kollisionen des Auslegers mit hohen Werk-

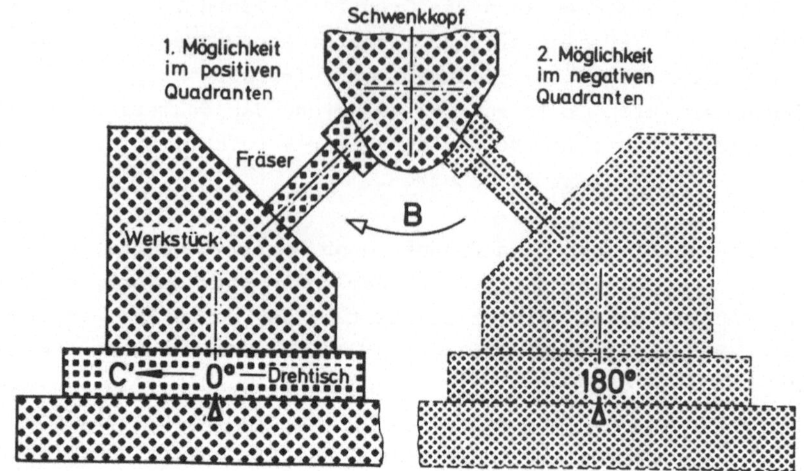

Bild 8-7: Zweideutigkeit einer Fräserachsrichtungstransformation

stücken.

Für eine Fräsbahn, also eine dichte Kette von Fräserpositionen,
hat der Wechsel von einem Schwenkkopfquadranten in den anderen
- öfter als zunächst angenommen - praktische Bedeutung: Die kri-
tischen Fälle treten dann auf, wenn die Fräserachsrichtung lotrecht oder fast lotrecht ist.

Die Wahl des Quadranten und den Wechsel muß der Teileprogrammierer bei einzelnen Fräserpositionen beeinflussen können, innerhalb einer kontinuierlichen Bewegung aber kann er den Quadran-
tenwechsel weder beeinflussen noch richtig beurteilen. Dies
muß also in der Berechnung der Achskoordinatenwerte automatisch
geschehen.

Dazu ist ein einfaches Kriterium notwendig. Im vorliegenden Falle ist es die Drehtischwinkeldifferenz zwischen zwei Positionen.
Ist sie größer als 90°, so wird der Quadrant gewechselt, ist
sie kleiner, bleibt der Schwenkkopf im seitherigen Quadranten.
Dieses Kriterium ist neu und hat sich bis jetzt praktisch bewährt (Bild 8-8).

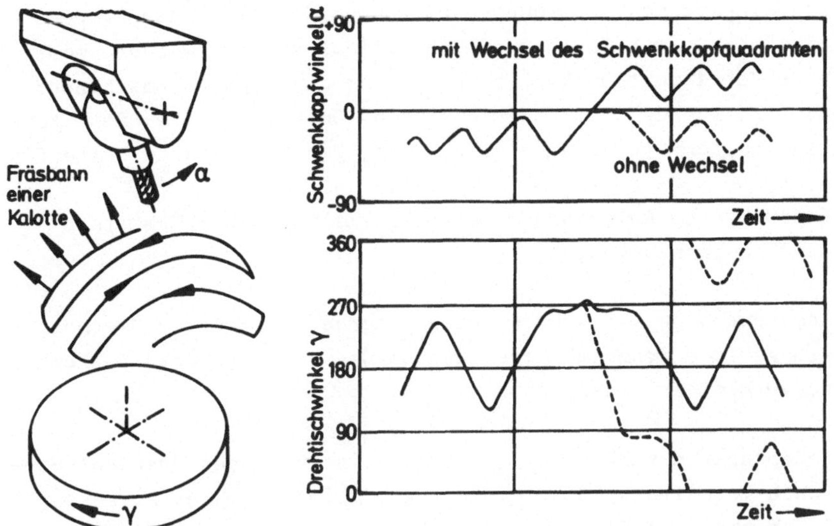

Bild 8-8: Beispiel für die Wirkung des Kriteriums, wonach der
Quadrant des Schwenkkopfes nach der kleineren Drehtischwinkeldifferenz gewählt wird

Wird dieses Kriterium nicht angewandt, so gibt es große kinematische Fehler, werden diese im Postprozessor oder beim verbesserten Datenfluß in der Steuerung klein gehalten, so entstehen
zumindest große Zeitverluste und Freischneidemarken.

8.3 Korrektur der kinematischen Fräser-Werkstück-Zuordnung

Im Werkstückkoordinatensystem kann der Teileprogrammierer - sei
es in APT oder als NC-Programm auf dem Steuerlochstreifen - die
Fräser-Werkstück-Zuordnung ganz beschreiben. Die Beschreibung
der Richtung der Fräserachse und der Lage der Fräserspitze geben zusammen mit den Interpolationsangaben die geometrische Zuordnung. Durch Programmierung des Vorschubs der Fräserspitze
und Spindeldrehzahl wird sie zu einer kinematische Zuordnung,
welche auch im wesentlichen die Zerspanungsbedingungen beschreibt.

Diese kinematische Zuordnung soll durch Korrektur der Steuerungseingabedaten fehlerfrei und optimal gemacht werden, wobei
dieser Korrekturfluß kurz sein muß, um die teueren Maschinenbelegzeiten für den Test zu reduzieren. Deshalb sollte diese Korrektur an der Steuerung möglich sein. Die Korrekturen betreffen,

- Änderung der Aufspannung wegen Kollisionen oder Arbeitsbereichsbegrenzungen,

- Änderungen des Vorschubs wegen unvorhergesehener Fräserbelastungen und Schnittkräfte und um die kinematischen Fehler
  zu verkleinern (vgl. Abschnitt 8.5),

- Änderungen der Drehzahl, um immer ein günstiges Drehzahl-Vorschub-Verhältnis zu bekommen (vgl. Spindeldrehzahlkorrektur
  in Abschnitt 8.5),

- Zusätzliche Positionen programmieren und überflüssige eliminieren, um Leerwege zu verkürzen und Kollisionen zu vermeiden,

- Ändern der Interpolationsarten, um kinematische Fehler zu
  verkleinern, die durch größere Punktdichte nicht verbesserbar
  sind.

- Den Schwenkkopfradius verändern, sei es wegen Fräserwechsel
  oder Kollision, sei es nur programmtechnisch, um das Werkzeug
  in Fräserachsrichtung abzuheben oder einzusenken.

Die korrigierten Daten müssen wieder gespeichert werden. Bei wenigen Daten sind Lochstreifen noch vertretbar, bei größeren Datenmengen sind magnetische Speicher zweckmäßiger. Zeitlich am
günstigsten ist es, diese Werkstückkoordinatenkorrektur in die
Steuerung zu integrieren.

8.4 Zusätzliche Eingabedaten beim verbesserten NC-Datenfluß

Die Eingabedaten für den verbesserten NC-Datenfluß erzeugt der
Postprozessor, der in diesem Falle so einfach - und so billig -
wird wie ein Dreiachsen-Postprozessor, da er keine Transformation, keine kinematische Fehlerkontrolle und keine maschinenabhängigen Korrekturen mehr durchführen muß. Sie sind auch im
Postprozessor fehl am Platze, wenn nach der Postprozessorverarbeitung die oben aufgezählten Änderungen vorgenommen werden,
denn diese Änderungen beeinflussen alle Fehlerkorrekturen und
Kontrollen.

Der Postprozessor liefert die Werkstückkoordinaten in codierter
Form nach $\int$ 19 $\rfloor$. Diese Schnittstelle definiert die Ausgabe des
Postprozessors und die Eingabe der Steuerung.

Für den fünfachsigen Fall werden zusätzlich zu den für dreiachsiges Fräsen vorhandenen Wegbedingungen noch folgende drei Gruppen vorgeschlagen. Eine Gruppe faßt jeweils sich ausschließende
Wegbedingungen (Adreßbuchstabe G im NC-Programm für die Interpretation der geometrischen Daten) zusammen.

Gruppe 1 interpretiert die unter den Adressen X, Y, Z, A, B und
C ankommenden Daten:

G 24 - Nullpunktseingabe, d. h. Lage des Werkstück- zum Maschinenkoordinatensystem (vgl. Transformationen 1 bis 6) wobei
nach X, Y, Z die translatorische Verschiebung in 0,01 mm,
nach A der Schwenkkopfradius r_{WZ} in 0,01 mm,
nach B der Kippwinkel gegenüber der Senkrechten in $0,001^{\circ}$ und
nach C der Verdrehwinkel gegenüber der horizontalen Nullage in
     $0,001^{\circ}$ angegeben wird.

G 25 - Maßstabseingabe für die translatorischen Werkstückkoordi-
natenwerte nach X, Y und Z.

G 36 - Maschinenkoordinateneingabe (wie seither), wobei
nach X, Y und Z die Achskoordinaten in 0,01 mm.

nach B und C Schwenkkopf- und Drehtischkoordinate in 10^{-6} Umdrehungen und

nach F die Verfahrzeit in 0,01 s eingelesen werden.

G 37 - kennzeichnet die Werkstückkoordinateneingabe mit Richtungskosinus, wobei

nach X, Y und Z die Werkstückkoordinaten in 0,01 mm,

nach A, B und C die Richtungskosinus, ganzzahlig, stehen, so daß $\sqrt{a_o^2 + b_o^2 + c_o^2} = 10^6$ ist.

G 38 - zeigt Werkstückkoordinateneingabe mit ganzzahligen Vektorkomponenten an, wobei

nach X, Y und Z wieder Werkstückkoordinaten in 0,01 mm und

nach A, B und C die Vektorkomponenten der Fräserachsrichtung kommen. Diese Angabe soll dominant sein, d. h. sie gilt, wenn nichts anderes programmiert wurde.

G 39 - bedeutet Werkstückkoordinateneingabe mit Kugelkoordinaten, wobei

nach X, Y und Z die Werkstückkoordinaten in 0,01 mm und

nach A und B die Winkel der Fräserachsrichtung in $0,001^{\circ}$ einzugeben sind.

Gruppe 2 entscheidet die Zweideutigkeit der Transformation zu Achskoordinatenwerten; Transformation 7 und 8 von Bild 8-4 und 8-5. Sie bestimmt, in welchem Quadranten der Schwenkkopf sich befindet. Dabei soll bedeuten:

G 67 - nur im positiven Quadranten,

G 68 - nur im negativen Quadranten und

G 69 - automatischer Wechsel aufgrund des Kriteriums der kleineren Drehtischwinkeldifferenz, beginnend mit dem aktuellen Quadranten. Diese Angabe soll dominant sein.

Gruppe 3 entscheidet, welche Fräserachsrichtungsinterpolation den durch G 01 als Linearinterpolation und G 02 und G 03 als Kreisinterpolation bestimmter Fräserspitzeninterpolation zugeordnet wird. Dabei soll

G 72 - die Fräserachsrichtungsinterpolation in der Vektorebene
       (dominant) und
G 73 - in Kugelkoordinaten steuern.

Seither gab bei den rotatorischen Koordinaten das Vorzeichen
nur die Drehrichtung an. Dies gab Anlaß zu vielen Fehlern und
Kollisionen und schwieriger Maschinenbedienung. Die komplizierten Fehler konnten nur durch relativ aufwendige Abfragen im
Postprozessor vermieden werden.

Viel einfacher ist es, die Steuerung bei Drehtisch und Schwenkkopf immer nur das kürzere Weginkrement wählen zu lassen. Ein
geschickt gewählter Zwischenpunkt erlaubt auch bei dieser Bedingung große Weginkremente einfach zu programmieren (Bild 8-9).

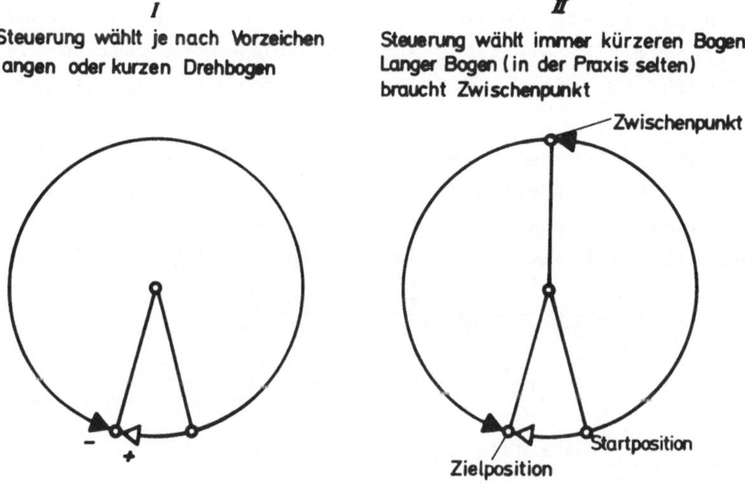

Bild 8-9: Problem des kürzeren Weges bei rotatorischen Achsen

Das Vorzeichen bei rotatorischen Achsen erübrigt sich damit bei
maschineller Programmierung, kann aber bei manueller eine Er-
leichterung bedeuten, wenn es wie in der Mathematik bzw. in der
Zeichnung definiert wird.

Die Daten des seitherigen dreiachsigen Falls wie Vorschub in

mm/min, Spindeldrehzahl, programmierte Fräsernummer und die genannten zusätzlichen Wegbedingungen und Koordinatenangaben gibt
der Teileprogrammierer über Lochstreifen und als Korrektur über
eine Handeingabe an der Steuerung ein.

8.5 Verkettung der Verarbeitungsschritte im verbesserten NC-Datenfluß (Bild 8-10)

Die korrigierten Daten liest die Steuerung in die entsprechenden Speicher, setzt Merker und verändert z. B. die Werte der
Rotationsmatrix, des Schiebungsvektors, welche die Aufspannung
definieren (= Nullpunktskorrektur).

Bei den laufenden Koordinaten müssen die Komponenten der Fräserachsrichtung für die Weiterverarbeitung in die einheitliche
Darstellung mit Richtungskosinus gebracht werden (vgl. G 37),
da diese für die meisten weiteren Berechnungen geeignet ist.

Die Verfahrzeit zwischen zwei Fräserpositionen ist ein Schlüs-
selwert für die weitere Interpolation. Vier Fälle (I ... IV)
kommen dabei vor. Bei Linearinterpolation der Fräserspitze und
Vektorebeneninterpolation der Fräserachsrichtung gilt t_I:

$$\text{Verfahrzeit } t_1 = \frac{\text{Cutvector-Länge } s}{\text{programmierten Vorschub } u_{prog}}$$

$$\text{Verfahrzeit } t_2 = \frac{\text{Fräserachsrichtungsänderung } \varepsilon}{\text{maximal zul.Winkelgeschwindigkeit } \dot{\varepsilon}_{max\ zul}}$$

$$\text{Verfahrzeit } t_I = \max (t_1, t_2)$$

Bei Kreisinterpolation der Fräserspitze und Kugelkoordinateninterpolation der Fräserachsrichtung gilt t_{II}:

$$\text{Verfahrzeit } t_3 = \frac{\text{Kreisbogenlänge } l_b}{\text{programmierten Vorschub } u_{prog}}$$

$$\text{Verfahrzeit } t_4 = \frac{\text{Inkrementwinkel } \Delta\gamma}{\text{maximal zul. Drehtischgeschwindigkeit } \dot{\gamma}_{max\ zul}}$$

$$\text{Verfahrzeit } t_5 = \frac{\text{Inkrementwinkel } \Delta\alpha}{\text{maximal zul. Schwenkkopfgeschwindigk. } \dot{\alpha}_{max\ zul}}$$

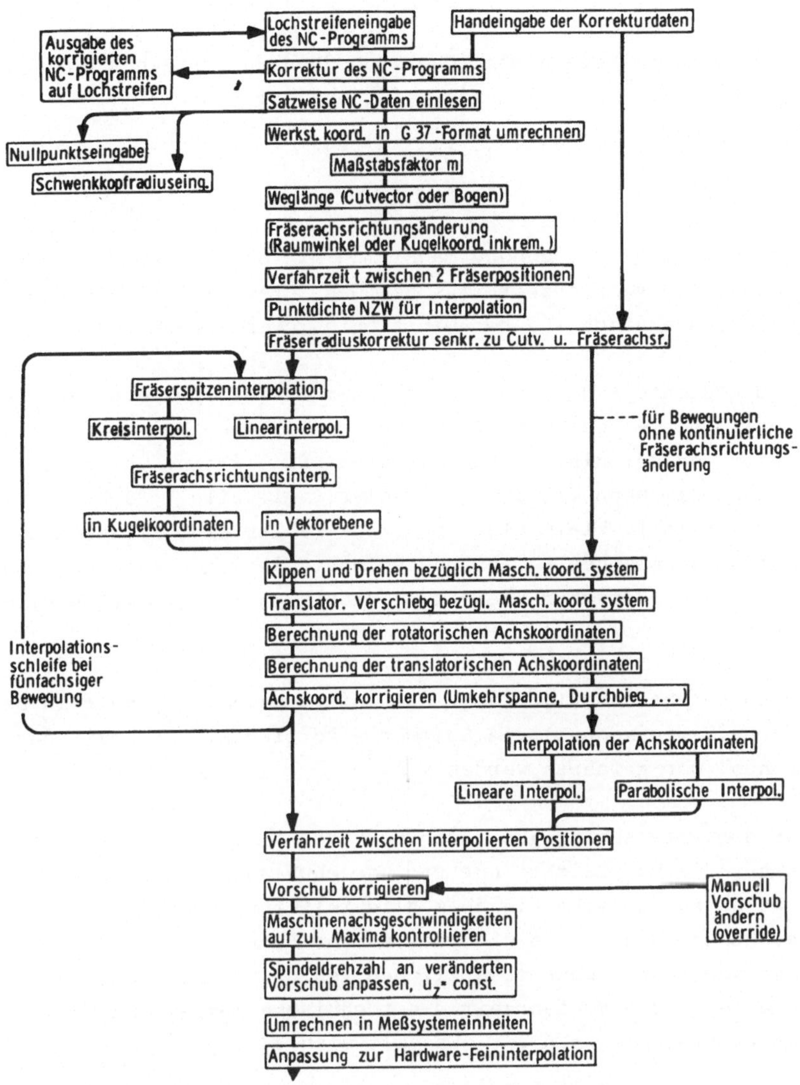

Bild 8-10: Entwurf des verbesserten NC-Datenflusses; Verkettung der Verarbeitungsschritte

Verfahrzeit $t_{II} = \max(t_3, t_4, t_5)$

Bei den anderen beiden möglichen Zuordnungen der Achsrichtungs- und Fräserspitzeninterpolation gilt analog:

Verfahrzeit $t_{III} = \max(t_1, t_4, t_5)$ und

Verfahrzeit $t_{IV} = \max(t_2, t_3)$.

Diese aufwendige Berechnung macht man mit den Daten der Eingabepunkte. Die Verfahrzeit zwischen den interpolierten Punkten ergibt sich einfach aus der Division durch die Punktdichte.

Die Punktdichte - d. h. die Anzahl der zu interpolierenden Fräserpositionen - bestimmt die Größe der Toleranz bei Kreisinterpolation und der kinematischen Fehler. Eine kleine Toleranz ist nur sinnvoll, wenn die übrigen Fehler (vgl. Bild 7-3) beim Fräsen auch relativ klein bleiben. Diese Fehler sind im wesentlichen die dynamischen Fehler und solche, die von der Zerspanung abhängen. Der Vorschub beeinflußt hauptsächlich die Größe dieser Fehler.

Die Punktdichte bestimmt aber auch die Verarbeitungszeit in der Steuerung, wie schnell die Sollwerte vorliegen, und somit den Vorschub, der gefahren werden kann.

Diese doppelte Abhängigkeit der Punktdichte vom Vorschub legt es nahe, die Punktdichte nur vom Vorschub abhängen zu lassen und keine zusätzliche Eingabemöglichkeit für Punktdichte oder Toleranz vorzusehen, da einerseits mehr Punkte, als von der Toleranz verlangt, keine zusätzlichen Fehler verursachen, und da andererseits die Verfahrzeit die technische Begrenzung zu größeren Punktdichten hin ist. Es gilt also

$$\text{Punktdichte } p_d = \frac{\text{Verfahrzeit } t \text{ zw. 2 eingegeb. Fräserpositionen}}{\text{Verarbeitungszeit } t_v \text{ für eine Sollwertvorgabe}}$$

Die Punktdichte muß auch noch gegen die maximale Inkrementlänge der Feininterpolation geprüft werden.

Die Fräserradiuskorrektur versetzt die Werkstückkoordinaten

senkrecht zur Ebene der Fräserachsrichtung und der Vorschubrichtung um das manuell öder über Lochstreifen eingegebene Kor-
rekturmaß. Eine Längenkorrektur im seitherigen Sinne kann durch
die Eingabemöglichkeit des Schwenkkopfradius entfallen. Da die
Fräserradiuskorrektur vor der Interpolation vorgenommen wird,
erübrigt sich diese Korrektur bei jeder interpolierten Fräserposition.

Ab dieser Verarbeitungsstufe beginnt die Interpolation, Transformation und Korrektur, wie sie durch die Transformationen 4
bis 8 in Bild 8-4 dargestellt wurden. Zu beachten sind die verschiedenen Interpolationsebenen:

Linear-, Kreis-, Kugelkoordinaten- und Vektorebeneninterpolation arbeiten mit Werkstückkoordinaten. Die anschließende Transformation vermeidet zu große kinematische Fehler, so daß die
parabolische Interpolation für das fünfachsige Fräsen nicht
mehr notwendig ist. Sie wird deshalb nur für den dreiachsigen
Fall benutzt, wenn keine kontinuierliche Fräserachsrichtungsänderung programmiert ist. Sie arbeitet mit Achskoordinaten, um
die Transformation für jeden interpolierten Punkt zu sparen.

Von dieser Stelle des Datenflusses an kann nur noch der Vorschub beeinflußt werden. Dies ist aus folgendem Grund notwendig: Die Werkstückrohlinge können in Härte und Maß so variie-
ren, daß der Maschinenbediener noch leicht korrigierend eingreifen muß. Damit aber bei dieser Korrektur die kinematische
Zuordnung (vgl. Abschnitt 3 und 8.3) gleich bleibt, muß (wenn
technisch möglich) die Steuerung auch die Spindeldrehzahl so
korrigieren, daß der Vorschub pro Umdrehung gleich bleibt. Damit können die häufigen technologischen Schwierigkeiten ver-
mindert werden, die durch Freischneidemarken, Aufbauschneiden
und Werkstoffverfestigungen auftreten und ihre Ursache in dem
veränderten Vorschub pro Zahn haben.

Die maximale zulässige Geschwindigkeit der einzelnen Achsen
kann erst nach dieser letzten Änderung des Vorschubs sinnvoll
geprüft werden. Wird eine Maschinenachsgeschwindigkeit über-

schritten, so muß der Vorschub intern entsprechend reduziert
werden [11, 21]. Eine Abstimmung mit der Feininterpolation
schließt sich an.

Dieser NC-Datenfluß wird einfacher, wenn in einer ersten Ent-
wicklungsstufe Kreisinterpolation, Fräserradiuskorrektur, parabolische Interpolation und Spindeldrehzahlkorrektur entfallen.

8.6 Anwendung

Dieser verbesserte NC-Datenfluß ist allgemein anwendbar auf alle Fünfachsen-Fräsmaschinen, die sowohl fünfachsig fräsen als
auch beliebig aufgespannte 2D- und 3D-Bearbeitungsfälle durchführen. Wenn die Fräserachsrichtung nicht veränderbar und parallel zu einer Bewegungsrichtung steht und wenn die Bewegungsrichtung nach [58] bezeichnet ist, entfallen die Transformationen 7 und 8.

Entfällt auch noch das Drehen und Kippen bezüglich des Werk-
stückkoordinatensystems, so haben wir von der Funktion her die
heutigen komfortablen numerischen Steuerungen für Dreiachsen-
Fräsmaschinen. Diese Dreiachsen-Konfiguration der CNC steuert,
um zwei rotatorische Achsen erweitert, zur Zeit Fünfachsen-Maschinen. Sie ist eine Teillösung, die sich am Geräte- und Soft-
ware-Aufwand und nicht am allgemeingültigen Konzept orientiert.
Sie erzeugt unwirtschaftliche Randbedingungen, welche der verbesserte Datenfluß vermeidet, nämlich:

Die Verlagerung der Korrektur in die Steuerung <u>verkürzt die
Testzeit</u> an der Maschine.

Die Verlagerung der verschiedenen Interpolationen und Transformationen in die Steuerung <u>verkleinert die kinematischen Fehler</u>,
indem die Punktdichte und Interpolation der Werkstückkoordinaten und die Zuordnung der Interpolationsart in der Steuerung
vorgenommen werden und auch dort entsprechend dem Fräsergebnis
sofort verändert werden können.

Die Werkstückkoordinaten- und Vorschubeingabe <u>vereinfacht die Korrektur</u>, weil dabei die komplizierte Kinematik der Fräsmaschine nicht beachtet werden muß.

Der Aufwand für die Realisierung dieses verbesserten Datenflusses in der Steuerung ist größer als seither. Dem steht aber eine wesentliche Kostenreduzierung bei Postprozessorerstellung, Postprozessorrechenzeit, Test an der Maschine und Fertigung gegenüber. Ihre Wirtschaftlichkeit sollen bereits begonnene Untersuchungen nachweisen.

9 Zusammenfassung

Der Stand der Technik zeigte, daß das fünfachsige Fräsen für
gewisse Werkstücke eine wirtschaftliche, aber relativ komplizierte und aufwendige Fertigungsmethode sein kann. Dabei war
das Problem, unter welchen Bedingungen sie wirtschaftlicher ist
als konkurrierende Fertigungsverfahren.

Für den Teilbereich der Arbeitsvorbereitung, speziell der NC-
Programmierung liefert diese Arbeit einen Beitrag, der durch
Fräs- und Fertigungsversuche mit einer Fünfachsen-Fräsmaschine
auch praktisch belegt wurde.

Bei der Suche nach einem übergeordneten Gesichtspunkt für die
Einzelprobleme zeigte sich, daß das fünfachsige Fräsen kein Son-
derverfahren ist, sondern der allgemeine Fall der Fräsbearbeitung. Die Problemstellung wurde deshalb, wenn möglich, unter
dem Gesichtspunkt der Allgemeingültigkeit betrachtet, so daß
die gefundenen Problemlösungen sich vereinfacht auch auf das
dreiachsige und zweiachsige Fräsen anwenden lassen.

Die Analyse, wie der Fräser die Werkstückflächen erzeugt, führte über das Kriterium der Krümmungsdifferenz von Werkstück- und
Fräsbahnquerschnitt trotzt der vielen Einflußgrößen zu einfachen, allgemeingültigen Aussagen über Lage und Form der Fräsbahnen.

Diese Abarbeitungsmöglichkeiten bestimmen das breit gestreute
Werkstückspektrum der Praxis und führen zu konstruktiven Forderungen der NC-Programmierung und der NC-Fertigung an die Fünfachsen-Fräsmaschine.

Kostenbeispiele zeigen, daß das fünfachsige Fräsen bei gekrümmten Flächen wirtschaftlicher ist als das dreiachsige, wenn man
die manuelle Nacharbeit einbezieht. Die geringsten Gesamtkosten
liegen i. a. bei sehr kleinen Fräsrillentiefen ($r_t <$ 0,01 mm).

Das räumlich und kinematisch kompliziertere fünfachsige Fräsen
benötigt aber längere Testzeiten, deren Kosten den Kostenvor-
teil der kürzeren Fertigungszeit und geringeren Nacharbeit auf-
wiegen können.

Deshalb mußte der NC-Datenfluß unter dem Gesichtspunkt der Abweichungen und dem Aufwand für Korrekturen bei Tests analysiert
werden. Daraus entstand für die Verarbeitung des NC-Programms
das Konzept des verbesserten Datenflusses, der die Korrektur,
Interpolation und Transformation in die numerische Steuerung
verlegt. Dieser verbesserte Datenfluß erfüllt die Forderung der
Allgemeingültigkeit, kann die Abweichungen verkleinern und die
Testzeit verkürzen. An seiner Weiterentwicklung wird gearbeitet.

Damit wird ein Weg gezeigt, wie das fünfachsige Fräsen trotz
der komplizierten Kinematik und Technologie als allgemeiner
Fall der Fräsbearbeitung für viele Fertigungsprobleme an Werkstücken mit gekrümmten Flächen die wirtschaftliche Lösung sein
kann.

Berichte aus dem Institut für Steuerungstechnik der Werkzeugmaschinen und Fertigungseinrichtungen der Universität Stuttgart

Herausgegeben von Prof. Dr.-Ing. G. Stute

ISW 1

Numerische Bahnsteuerung
Beitrag zur Informationsverarbeitung und Lageregelung.
Von Dr.-Ing. **Dietmar Schmid**,
1972, 89 S. mit 44 Bildern
ISBN 3-540-05834-6, ISBN 0-387-05834-6
Kart. DM 24,—

ISW 2

Fräsbearbeitung gekrümmter Flächen
Flächenbeschreibung, Programmierung und Fertigung
Von Dr.-Ing. **Horst Schwegler,**
1972, 111 S. mit 36 Bildern
ISBN 3-540-05835-4, ISBN 0-387-05835-4
Kart. DM 24,—

ISW 3

Numerisch gesteuerte Mehrachsenfräsmaschinen
Fräsbahnabweichungen aufgrund der Kinematik und Interpolation.
Von Dr.-Ing. **Jörg Eisinger**,
1972, 90 S. mit 45 Bildern
ISBN 3-540-05836-2, ISBN 0-387-05836-2
Kart. DM 24,—

ISW 4	**Rechnersteuerung von Fertigungseinrichtungen** Beitrag zur Automatisierung der Fertigung durch den Einsatz von Digitalrechnern. Von Dr.-Ing. **Rainer Nann**, 1972, 125 S. mit 45 Bildern ISBN 3-540-05911-3, ISBN 0-387-05911-3 Kart. DM 36,–
ISW 5	**Zweiachsige Nachformeinrichtungen** Untersuchung der Lageregelung bei einem stetigen System. Von Dr.-Ing. **Gerhard Augsten**, 1972, 140 S. mit 71 Bildern ISBN 3-540-05912-1, ISBN 0-387-05912-1 Kart. DM 36,–
ISW 6	**Die Automatisierung der Fertigungsvorbereitung** **durch NC-Programmierung** Von Dr.-Ing. **Bernhard Karl**, 1972, 121 S. mit 44 Bildern ISBN 3-540-05913-X, ISBN 0-387-05913-X Kart. DM 30,–
ISW 7	**NC-Programmiersystem** Beitrag zur numerischen Verarbeitung eines geometrischen Werkstückbeschreibungssystems Von Dr.-Ing. **Helmut Eitel**, 1973, 117 S. mit 49 Bildern ISBN 3-540-05914-8, ISBN 0-387-05914-8 Kart. DM 30,–

ISW 13   **Entwurf und Strukturtheorie von Steuerungen für Fertigungseinrichtungen**
Von Dr.-Ing. **Herbert König**
1976, 204 S. mit 66 Bildern
ISBN 3-540-07669-7, ISBN 0-387-07669-7
Kart. DM 58,—

ISW 14   **Fünfachsiges NC-Fräsen**
Beitrag zur Technologie, Teileprogrammierung und Postprozessorverarbeitung
Von Dr.-Ing. **Herbert Damsohn**
1976, 143 S. mit 70 Bildern
ISBN 3-540-07670-0, ISBN 0-387-07670-0
Kart. DM 38,—

In Vorbereitung:

ISW 15   **Programmierbare Steuerungen**
Beitrag zur Struktur und zum Aufbau
Von Dipl.-Ing. **Hans Jetter**
1976, 141 S. mit 53 Bildern und 7 Tabellen

ISW 16   **Fünfachsiges NC-Fräsen gekrümmter Flächen**
Beitrag zur numerischen Flächendarstellung, Programmierung und Fertigung
Von Dipl.-Ing. **Hermann Henning**
1976, 180 S. mit 90 Bildern

Springer-Verlag
Berlin · Heidelberg · New York